Cat Training in 10 Minutes

训练猫咪，一本就够了

10分钟猫咪训练手册

（美）米丽娅姆·菲尔茨-巴比诺 著　张超斌 译

化学工业出版社
·北 京·

Cat Training in 10 Minutes
ISBN 978-0-7938-0530-3
Published by TFH Publications, Inc.

北京市版权局著作权合同登记号：01-2019-3469

图书在版编目(CIP)数据

训练猫咪，一本就够了/（美）米丽娅姆·菲尔茨-巴比诺著；张超斌译. —北京：化学工业出版社，2019.10
书名原文：Cat Training in 10 Minutes
ISBN 978-7-122-35036-7

Ⅰ.①训… Ⅱ.①米… ②张… Ⅲ.①猫-驯养-基本知识 Ⅳ.①S829.3

中国版本图书馆CIP数据核字（2019）第173800号

责任编辑：王冬军　张　盼　　　　装帧设计：红杉林文化
责任校对：宋　玮

出版发行：化学工业出版社（北京市东城区青年湖南街13号　邮政编码100011）
印　　装：北京凯德印刷有限责任公司
787mm×1092mm　1/16　印张 8 3/4　字数108千字　2019年10月北京第1版第1次印刷

购书咨询：010-64518888　　　　售后服务：010-64518899
网　　址：http://www.cip.com.cn
凡购买本书，如有缺损质量问题，本社销售中心负责调换。

定　价：49.80元

致 谢

感谢我最棒的猫咪戴维·克罗克特。

同时感谢西娅·弗达科和多洛雷丝·克劳德，谢谢你们为猫咪救助做出的一切以及对我的种种支持。你们是这个世界上最有爱的人。

前言

美国有超过 6000 万只猫，全球其他地方的宠物猫和流浪猫更是数不胜数，正因为如此，人们才努力深入了解猫咪，以便与它们更好地相处。都市居民和长时间工作的上班族更倾向于选择猫咪作为宠物，狗狗则屈居第二。原因嘛，当然是猫咪不用遛，独自在家一两天也没有问题，并且不需要出门做运动。但是猫咪比狗狗更容易“被人遗弃”，这很大程度上源于人们对其行为的不理解。正是由于这一问题，每年都有数百万只猫咪被实施安乐死。

你相信猫咪可以训练吗？如果你的答案是否定的，那你肯定是刚刚加入养猫行列，或者从来没有养过猫。养过猫咪的人都有这样的深刻体会：被“猫主子”训得服服帖帖的。另外，猫咪轻易就能掌握生活规律，比如什么时候吃东西，或者优哉游哉地走进房间，再跳入某人的怀抱，借此吸引注意力。这些行为都令主人大为惊讶。这种认知并非是天生的，而是猫咪学习了主人的习惯模式后而做出的回应。听见开罐器的声音，猫咪就闻声飞奔而来，那肯定是经过训练之后知道这种声音代表主人要打赏吃的了；守在门边、等着门一打开就跑得谁也追不上，是因为猫咪明白这代表自由和冒险的乐趣，而这些都是待在屋子里所不能获得的。

通过本书，繁忙的猫主人将会学到如何解决猫咪的行为问题，如何与猫咪沟通，并了解那些可以跟挚爱的猫咪一起做的活动。每天只需 10 分钟，猫咪就能学会许多积极行为，既能让猫咪的时间得到充分利用，也能拉近猫咪与作为伙伴的猫主人之间的关系。

猫咪不仅能学会“召之即来”和“拴绳遛弯”，还可以用于多种疗法。猫咪能够提高老弱及病者的幸福感，让他们产生更积极的人生态度。有谁不喜欢抱着一只咕噜咕噜的猫咪呢？听到猫咪的咕噜声，就像紧紧抱着毛茸茸的猫咪一样，让人感觉放松愉悦。猫咪也可以帮助听觉障碍患者，有的通过训练还能叼取较轻的物品，帮助活动不便的人。

猫咪还经常在电视、电影和广告中进行表演。看猫咪表演得出神入化，谁又能不为之鼓掌呢？在这本书里，你将会见到一些著名的猫咪训练师，他们为电影、广告和现场表演提供了许多猫咪演员。

本书会教猫主人如何把猫咪变成生活中别具一格的部分。从此以后，猫咪再也不会晒着太阳睡一整天，也不会因为缺乏锻炼而胖得不可收拾；猫咪将对生活充满期待，去了解周边的环境，依赖你的陪伴。经过训练的猫咪会期待训练过程，往往还会迫不及待。想象一下，猫咪守在门边跟你打招呼，你不用再四处找它，看它是不是躲在哪里打盹儿，这种感觉是不是特别不错？

学着跟猫咪交流，一同享受乐趣吧！

只需每天 10 分钟哦！

目录

第1章 猫咪也喜欢训练

躺在地上，爪子举到空中，惬意地晒着太阳伸展四肢；被你抚摸拥抱时，在你怀里发出阵阵咕噜声；压低身体，在树篱后面潜行，再迅速一跃，吓得野生小动物四散奔逃……猫咪是一种既暖心又充满神秘的动物。许多猫主人都说自家的猫咪非常独立。猫咪的捕食能力很强，让它们显得既有趣又高不可攀，然而，它们绝非独立的主儿。

家猫不可貌相，喜欢独处而不与人类或其他动物互动的家猫其实很少。通常情况下，长期独处的猫咪会患上神经官能症，从而导致行为乖戾，比如抓挠家具、掏挖植物或者践踏食物。与美洲豹或美洲虎不同，家猫不喜欢独处，也不喜欢整天无所事事。

> **日常训练**
>
> 通过训练来打通猫咪的“任督二脉”，它可能变成一个到处给你闯祸的“惹事精”，直至你也参与它的日常训练活动。只有你和它一起努力，才能博得它的满意。训练是跟猫咪沟通交流的好时机。

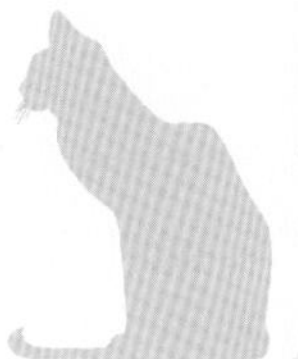

猫咪需要激励

你知道吗，猫咪除了在窗边晒太阳、打盹儿之外，还想做别的事情？猫咪和其他家养动物一样，不需要付出就能得到食物、居所和医护；而野生动物除了睡觉就是寻找食物和居所，照顾幼崽或保护领地。家猫的这些本能与老虎和狮子一样没有丧失，而且十分鲜活，亟需用武之地。

万物不劳而获的猫咪和凡事自己争取的猫咪，哪只更幸福？哪只猫咪的精神更健康？

答案是……为了生存而打拼的猫咪更幸福，更健康。

从这个方面来看，猫咪与你我并无差别：我们都不愿虚度年华，想做出一番事业，想找一份稳定的工作，想从运动中获得愉悦。这些就是我们时刻准备着、期待着的事情。

猫咪喜欢怀抱的感觉。亲密的身体接触是对它很好的奖励。

猫咪闲不住

猫咪没有进化到文化社会，它们仍然依赖流传了几百万年的本能和捕食行为。看电视不在兴趣范围之内，玩足球或橄榄球也没心思，它们只想抓捕小老鼠或小鸟。它们标记领地，寻找交配对象，为了以后的捕猎而保养皮毛和利爪。猫咪是闲不住的。

猫咪爱做事

前面已经提过，万物不劳而获的猫咪和凡事自己争取的猫咪相对比，显然那只有事做的猫咪更幸福，它更多地动用了大脑、身体和本能。它会展现出我们意料之外的智慧和学习能力——在我们看来，猫咪是那么的独立，从来不会把人类的引导放在心上。

训练猫咪会改善你们之间的关系。

有事做的猫咪既幸福又健康。通过训练，猫咪会向你证明它天资聪颖，能力出众，会让你大开眼界。只有你想不到的，没有猫咪做不到的。

家猫整天做些什么呢？它们不睡觉，而是找事做以消磨时间，比如在垃圾里猎食，惊吓仓鼠，追逐犬类，掏挖植物。这些都是基于本能的自然行为：猎食本能——惊吓仓鼠和翻弄垃圾；领地控制本能——追逐犬类；掩盖排泄物、标记领地本能——掏挖植物。

主人回家的时候，猫咪因干完这些“苦活累活”精疲力竭，恰好卧在窗前晒着太阳打着盹儿。你可能会想：噢，这真是个懒家伙。

别让你的猫咪闲着

有些猫咪不会控制本能，那是因为它们还没完全适应家养环境。它们会抓挠家具，或者做出攻击行为。这类猫咪大部分曾以这样或那样的方式被遗弃，动物收容所挤满了这些猫咪，每年被施行安乐死的有数百万只。这样的状况是可以避免的。就连野生猫咪都能学会适应新环境，虽然可能需要投入耐心和时间，但它们终究能够做到。训练你的猫咪是为了防止它成为毫无意义的统计数字。

每只猫咪都有发展其思维的权利。每天都有所期待，有机会学习、开发智力、与人类伙伴沟通交流——这样的猫咪是幸福而顺应环境的。受过训练的猫咪因为喜爱交际而人见人爱。在你踏入家门时，它会充满爱意、欢欣鼓舞地迎接你，跟着你从一个房间跑到另一个房间。它不会在家里搞破坏，因为它知道这是不好的行为。

这样的猫咪将是很棒的伙伴，能带来许多快乐。

赶紧开始吧？只需每天10分钟哦！

猫咪喜欢与人互动。

入门指南

与所有动物训练的道理一样，猫咪也是越早训练就越善于长期学习，但这并不是说年龄较大的猫咪就不能学习了。我训练过的猫咪在2~9岁之间，我成功教它们学会了多种行为。为了防止出现

有些猫咪喜欢食物奖励，例如干猫粮、湿猫粮或金枪鱼罐头。

行为问题、适应多种宠物家庭，或者将来准备做“猫咪治疗师”或动物演员，训练最好从幼猫时期就开始。相比习惯了某种行为方式的猫咪而言，幼猫不易受环境变化的干扰。

幼猫不会像成年猫咪那样惧怕新环境或新面孔。训练会成为猫咪生活的一部分，让它们有所期待，如果哪天没有训练会非常想念。猫咪和人类一样强烈渴望有事做。你工作是为了让家人和宠物有东西吃、有地方住，那么给你的宠物一个答谢的途径，它会更幸福，更健康。

开始训练的最佳时机是幼猫刚刚断奶分窝时，训练要避免受在场的其他动物影响。一间安静的小屋最合适了。10分钟内不要分神，在猫咪的进食时间开展训练，让它为了食物而打拼，激发它的表现欲。幼猫很少会挑三拣四，只要能得到食物或玩具，它都会开心不已。

兴趣是最大的动力

训练成年猫咪的难点在于找出“驱动”因素。你可能要尝试多种奖励食物，比如冻干肝脏、软猫粮，凡是能勾起它兴趣的都可以试一试。如果它对市场上的猫咪零食不感兴趣，可以试试熟鸡肉或金枪鱼。有些猫咪吃喝不愁，对食物“视若无睹”，那你就要用玩具作为奖励。许多猫咪喜欢毛绒老鼠玩具或猫薄荷球。我的一只猫就很喜欢柔软的卷发夹。你只有试了才会知道什么能勾起猫咪的兴趣。

有少数猫咪对任何东西都不屑一顾，很难找到合适的食物奖励，但并非完全做不到——你只需比猫咪更有决心。这种猫咪需要强烈的激励，比如断食一两天。别担心，在野外，猫咪隔几天才吃上一顿，而不是每天都吃。日常投食只不过是我们把自己的习惯强加于“笼中之猫”罢了。饥肠辘辘的猫咪会更有动力去表现，从而更有动力去学习。

自制逗猫棒

带有响片、目标棒和零食分发器的逗猫棒可以按以下步骤制作：

①取一根直径 0.5 英寸（1.27 厘米）、长约 2 英尺（约 60 厘米）的小木棍，用胶带把响片粘在其中一端（只粘边缘部分，按压区域空出）；②取一把软金属勺子，把勺柄与勺斗弯成 90° 角；③用胶带把勺柄粘在木棍另一端。逗猫棒就做成了。

用食物作奖励

猫咪断食一两天后，用日常干猫粮开始训练。用手或训练勺喂它，它吃下之后，以上扬语调对它进行“乖猫咪”等言语奖励，也可以用响片承接奖赏与行为之间的关系。承接行为（如响片或表扬）是为了强化正确的反应。你给出一个命令，诱导猫咪按照命令行事。它做了之后，你会进行承接，然后奖励它猫粮。在这种情况下，猫咪因为从你手上吃东西而得到奖励，它很快学会找你要食物，把你的承接行为与它的就餐时间联系起来。用不了多久，你们两个就会开始享受就餐时间训练课程的乐趣，看到你的笑容，听到你的赞美，它会流着口水发出咕噜声。

用这样的方式开启一天的生活，是多么得美妙！

每天训练时间不超过10分钟，猫咪两三天就能学会两到三个动作。此外，随着猫咪逐渐掌握所有动作技能，它的注意力持续时间也会延长。有些猫咪能一次学习45分钟以上，遇到这种情况，主人必须回归使用常规食物或低卡路里零食，以免猫咪发胖。

时间有限的话，请坚持10分钟的训练课程，不过可以每天重复多次。如果每天喂猫咪两次，就在每次喂食之前训练；如果每天只给猫咪喂食一次，那就在早上训练5分钟，晚上回来再训练5分钟。

训练工具

训练猫咪需要特定的工具和技能，提前准备好，可以让训练更加容易，更加有趣。

训练包——方便放猫粮。系在腰间的小袋子足矣，不过腰包是最佳选择。训练包可以在宠物商店买到，上面带挂钩，可以挂在腰带或口袋上。

训练工具包括：零食、响片、逗猫棒和训练包。

响片——响片是非常受欢迎的训练工具。小号塑料响片去宠物商店就能买到。响片声能吸引

猫咪的注意，让它专心听你指挥。

逗猫棒——用逗猫棒把猫咪的注意力引向你想让它关注的物品。

训练勺——某些猫咪会拼命抢零食，没有学会正确取食行为的猫咪可能会咬伤你的手指或抓伤你。遇到这种情况，训练勺就派上用场了。如果以软猫粮或金枪鱼为奖励，也特别适合用训练勺。

你可以用茶匙和一根2英尺（约60厘米）长、0.25英寸（0.635厘米）粗的细木棍制作训练勺。（如果找不到细木棍的话，也可以用木质搅拌勺。）假如你想用响片训练猫咪，可以把响片装在训练勺的勺柄上——用胶带把勺子粘在木杆一端，响片粘在另一端，手持响片这一端时，勺斗要朝上。

拇指按住响片，训练勺指向猫咪。

有了训练勺，你可以一只手拿奖励，另一只手做手势。训练勺还可以当作目标，逗引猫咪学习新行为。猫咪闻到或看到食物，就会跟着食物移动。

口令——猫咪会对你的声音和手势作出反应，因为它们和人类一样通过声音语言和肢体语言沟通交流。只要训练方法贯彻始终，猫咪就能记住与口头命令配套的手势，最终根据你的声音或手势作出反应。猫咪学得很快，这个过程所需的时间不会太长。

响片的用法

响片是激发操作性行为反射的装置，通常为长方形塑料盒子，内装金属片。金属片受压弯曲，松开后弹回，发出咔哒声。

响片的咔哒声承接了命令与奖励，让猫咪明白自己的动作符合要求。由于咔

响片的握法要正确。

哒声代表将获得奖励，猫咪会特别喜欢听咔哒声。

首先从基本的响片用法开始。先把猫咪放在附近，按压响片，再立刻给它奖励。重复这个过程，直到猫咪建立起咔哒声与获得奖励之间的联系。在训练过程中，你可以命令猫咪“过来”或“坐下”，按压响片，然后给它奖励。

了解猫咪的需求

使用与猫咪的通用语言一致的手势最为有效，所以我借此讨论一下如何辨识猫咪的各种情绪。猫咪与人类一样有心情变化，学着解读猫咪的情绪对于训练课程的成功至关重要。

愤怒——耳朵竖起，尾巴摇摆力度大。全身的毛可能也会竖起，不过这通常是遇到令它们惊惧的东西时让自己显得体格更大的战术。特别生气的时候，有些猫咪会发出嘶嘶声，有些猫咪则会伸出前爪，“攻击”引起它们愤怒的物品。

恐惧——背部拱起，毛发连根直立，尾巴像棍子一样上翘，眼睛睁大，直视前方；胡须变硬，嘴里发出嘶嘶声或怒吼声。受惊的猫咪会后退或紧贴坚固的物体。

心情平静的猫咪会闭上眼睛卧下来。瞧瞧那副满足的小模样！

紧张——拼命寻找或躲在黑暗的封闭空间，身体蜷缩，呼吸急促。精神紧张的猫咪很容易被激怒，可能会用爪子抓挠或用嘴咬。

平静——眯着眼睛，蹭人摆尾，毛发平顺。卧下时，有些猫咪会把一只爪子放在身体下面，或者侧身躺卧。还有许多猫咪会仰身躺着，四只爪子伸到空中，挠自己的脑袋。

满足——心情愉快的猫咪会像幼猫一样发出咕噜声，缩成一团给自己顺毛。有些猫咪喜欢依偎在人身边，这和幼猫依偎在母亲或兄弟姐妹身边是同样的道理。有事做、心满意足的猫咪会咕噜着散漫地蹭人，它们骄傲地竖起尾巴，略带趣味地看着你。放松时，它们的双眼紧闭；训练时，它们的双眼炯炯有神。许多猫咪特别喜欢训练，整个过程都精神抖擞地咕噜咕噜。

猫咪的声音

有些猫咪特别爱发出声音，尤其是东方品种，如暹罗猫和缅甸猫；波斯血统的猫咪相对安静，算是所有品种里最温和的；缅因浣熊猫、布偶猫、伯曼猫和挪威森林猫等半长毛猫的性情则介于前两类之间。

猫咪有三种迥异的言语语气，对于我们这些非猫咪生物来说很容易就能理解。咕噜声——通常是高兴、满足的表示，不过有些猫咪在紧张不安的时候也会发出咕噜声。喵喵声——相对难理解一些，因为东方品种的猫咪大声喵喵叫起来让人手忙脚乱，其他品

> **积极表现为口饭**
>
> 猫咪在饿的时候表现最为积极，所以要在喂食之前进行训练。这样的话，猫咪就能像在野外一样自己争取食物，心情更美好，内心更满足。如果每天喂两次，就在每次喂食之前进行5分钟的训练。

种则会用音量较低的喵喵声表示同样的意思。总的来说，持续时间长的喵喵声表明猫咪不开心、身体不舒服或受到惊吓；持续时间短的喵喵声表明猫咪需要陪伴或想找人。怀有敌意的猫咪会发出持续时间较长且音量很高的号叫或哀号，还可能发出嘶嘶声；使劲哀号的同时还会伴有低吼。

理解了猫咪的沟通方法，你就可以选择合适的训练时间了。通常情况下，猫咪一大早首先想吃东西，这时候它肯定最愿意付出一些努力。此时的它精力充沛、心情放松，表明它做好了表演的准备。当你在外工作一整天后（正常工作时间）回家时，它也是这种状态。它会跑来“招呼”你，催你赶紧开始训练了。如果你启动了“训练程序”，它在家苦苦等你一天，却得不到训练，你就惨了。经常会有这样一幕：我正走在楼梯上或在房子里走动，渴望训练的猫咪冷不丁地扑了过来。16磅（约7.26千克）肌肉的冲击力，可不能小瞧了！

训练要点

训练方法要贯彻始终，每一个指令的口令和手势都要保持一致。奖励猫咪要有专用词汇，其他各种行为也都要有各自的词

训练猫咪时，要始终如一，耐心对待，因为有些猫咪也会有“状态不在线”的时候。

汇。说出奖励词汇的同时，配合使用响片。有些猫咪更喜欢听到口头赞美，不太喜欢响片的咔哒声，听到口头赞美甚至比获得食物更让它们开心。你的快乐也能感染到它们，因此，赞美时的语调要高昂而欢快，用什么词汇并不重要，关键在于一以贯之，用对语调。在本书中，我会用“真棒”这个词——以特有的音调。

口头赞美能够鼓励猫咪继续坚持正确的行为。例如，猫咪保持“静坐”姿势，就表扬它：“真棒！”只要它还坐着，就不断表扬它，但暂时不要结束训练。响片声是行为与奖励之间的桥梁，代表着行为结束。因此，在猫咪保持姿势的时候给予口头表扬，在行为结束后按压响片，给它食物奖励。

训练小贴士

开始训练之前，先预备好训练区域。训练场所应小于10英尺x12英尺（约3.05米×3.66米），环境保持安静整洁，备好奖励，以便于拿取。

在猫咪饥饿或充分休息的时候开展所有训练，此时的猫咪更有动力，从而注意力集中时间延长，学习能力提高。

猫咪是有习性的生物，尽量保持既定的训练安排，让猫咪记住什么时候开始训练，否则它会一大早就迫不及待地“喊”你训练。如果猫咪记住了训练安排，它会放松身心，你便可以去忙自己的事情了。毕竟训练猫咪是为了让养猫咪的生活更好过，而不是为了教它“当家作主”。

第2章 小猫咪，快过来

想象一下，天气晴朗的午后，你与猫咪待在篱笆围成的花园里，阳光洒在身上，鸟鸣传入耳中（猫咪听得比你还专心），偶尔来一口冰爽的饮料。与人类一样，猫咪需要一定的户外时间。阳光对于所有生物的整体健康都至关重要。然而，除非猫咪所待的地方是安全封闭的区域（或者拴着绳子）——你一喊它，它就会过来，否则不要把猫咪留在室外。

听到喊它就过来，这是猫咪要学习的第一个行为，也是其他训练的基础。在这个过程里，猫咪要学会找准目标、跟随目标移动、获取奖励，体会你的语调、手势和承接的意义。

找准目标

所谓目标，就是猫咪要关注的点（就像飞镖盘上的靶心）。训练猫咪找准目标的时候，要用诱饵（食物或玩具）引导它看向你的手或逗猫棒，猫咪每次用鼻子凑近目标（最好是接触目标），就可以得到奖励。用不了多长时间，猫咪就会像追玩具老鼠一样，追着目标到处跑了。

目标的种类有很多，可以用手，也可以用棍子。把手作为目标最简便，然而有些猫咪兴奋起来可能会咬人，所以最好用勺子或棍子代替。这样的话，过度兴奋的猫咪最终就能学会控制自己的激烈行为，以优雅的方式获取奖励。

首先把目标（勺子或棍子，也可以是拿着零食的手指）放在猫咪鼻子下方，猫咪闻一下，就夸它一下，比如说："乖猫咪，真棒！"当它把食物吃进嘴里，按一下响片（如果在用的话），或者（同时）说一句："乖猫咪，真棒！"

接下来，目标移到离猫咪稍远一点的地方，让它得伸长脖子才能够着。它闻一下，就夸它一下。等它吃到食物，按压响片并口头表扬。

在口头表扬、按压响片和猫咪得到奖励这个关系建立后，你可以在猫咪接触目标和收到奖励之间稍微拖延一下。口头表扬能鼓励它积极表现，响片的咔哒声让它明白自己的行为达到了你的要求，一定会获得奖励。

目标训练

目标训练是让猫咪学会各种动作的最简单的方式。先给猫咪展示猫粮或玩具，如果它感兴趣，用鼻子触碰了一下，就表扬它，给它奖励。随着猫咪了解受表扬就能获得奖励，就拖延或改变奖励方式，只用表扬来强化他的行为。目标可以是任何东西——一根棍子、一个球、一张纸巾，甚至你的手。

让猫咪看看它的奖励，并可以品尝一下。

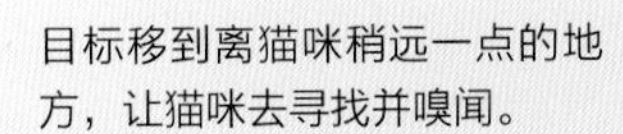

目标移到离猫咪稍远一点的地方，让猫咪去寻找并嗅闻。

猫咪接触到目标后，给它奖励。

“过来”指令训练

猫咪学会了跟随目标移动，就能开始进行“过来”指令训练了。

1. 拿出目标（你的手或逗猫棒）。

2. 猫咪注意到目标，表扬它。

3. 猫咪向目标走来，用鼻子触碰目标，按压响片或表扬它，奖励它猫粮。

4. 再次拿出目标，先放在它鼻子下方，再将目标缓慢地挪向自己，把它逗引过来。边叫它的名字边对它说“过来”。

5. 在猫咪向目标移动的过程中，表扬它。

6. 猫咪触碰到目标时，按压响片，给它奖励。

每当你拿出目标、发出指令，猫咪必须在每次承接之间移动更远的距离。第一次要求他只移动1英尺（约30厘米），第二次移动2英尺（约60厘米），以此类推。为了获得奖励，猫咪会一直听从你的指令，很快明白“过来”一词与向目标（你的手或逗猫棒）移动这一动作之间的关系。

猫咪表现好，奖励不能少。

进行“过来”指令训练的时候，你不妨向后多退几步，让猫咪多走几步才能得到奖励。这种后退运动与作为目标的手或逗猫棒一样，会逐渐成为可识别的视觉提示。

在“过来”指令训练初期，视觉提示和口令要配合使用，后期可以只用其中一个。二者搭配能够提高猫咪的学习速度。

通过短短10分钟的学习，猫咪就能从房间另一头跑到你身前。用不了一周，只要是在房子里，它一定会跑来找你，因为它期望与你互动，期待互动之后的奖励。

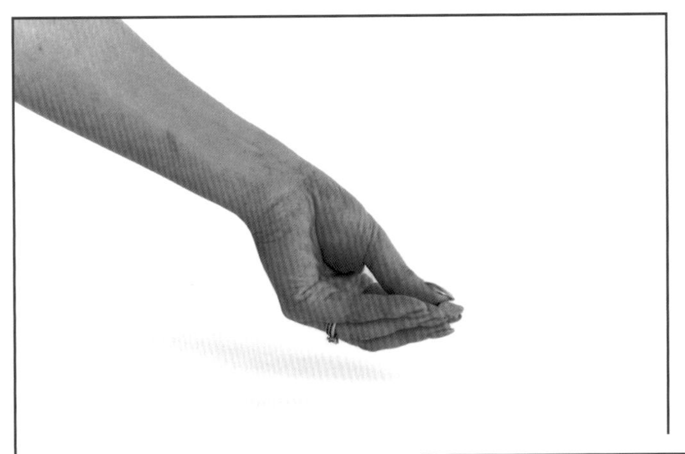

这是“过来”指令训练时抓握奖励的正确方式。

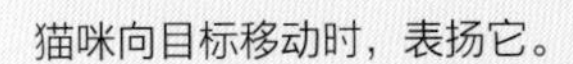

猫咪向目标移动时，表扬它。

先让猫咪闻一闻目标，然后再将目标挪远点。

训练贴士

这个时候，教猫咪明白训练起始词汇是不错的选择。比如，开始时大声说“训练”，结束时说“结束”。这些词有别于训练猫咪时的普通交流词汇，所以具有特殊意义。你可以使用任意其他词汇，但要在相应的情境里始终使用选定的词汇。

> **动起来！**
>
> 猫咪是视觉导向型动物，任何动作都能引起它们的注意。在训练时要善加利用这个特点。任何一个动作，只要贯彻始终，都能转化成视觉提示。

慢慢地你会发现，做到简单的两个要点，就能训练成功。第一是一以贯之，第二是找准时机。富有经验的训练师往往是掌握了这两个要点，所以能够很快训练好任何动物。这两种能力比你想象得要容易掌握。所谓“一以贯之”，就是在同样的情境里做同一个动作或说同一个词；所谓“找准时机”，就是要在动作正确的同时表扬并奖励，而不是在做动作之前或之后。

乱其心志

训练“过来”指令的下一步，是教猫咪在有其他干扰的条件下执行“过来”指令。干扰条件可以自行创造，比如离开往常的训练室，换到别的房间，或者在有其他宠物或人的地方训练。通常从小干扰开始，随着猫咪抗干扰能力加强，再逐步增加干扰。

如果猫咪没能集中注意力，就减少干扰，直到它再次开始回应。然后随着它学会忽视周围的情况，逐步增加干扰力度。每一项训练都必须循序渐进。

还可以变一种方式进行这项练习：在猫咪过来的路上设置障碍物，比如几本精装书、立着的相框或烛台。先用目标吸引猫咪的注意力，引导它跟着目标在障碍物之间迂回前进。每次都走同一条路线，很快就能达到设置障碍课程的最终目标：叫它的时候，它能顺利穿过路上的障碍物。

通过教猫咪学习“过来”指令，你们会进入一个全新的沟通世界。猫咪会更密切地关注你的一举一动，待在你身边，渴望训练。虽然，猫咪在独自玩耍的时候的确让人心情愉悦，但它若成为能够与人互动的伙伴，猫主人的幸福感会更强烈。

到最后，即便有其他干扰，你也可以在室外训练猫咪。

操作性条件反射

所有动物训练都基于操作性条件反射。从本质上来看，操作性条件反射就是训练动物以特定方式应对刺激物，从而获得奖励。人类每天工作是为了挣钱，而猫咪则是为了食物或玩具。

逗猫棒或手就是猫咪的刺激物，口头表扬和响片的咔哒声在应对刺激物和得到奖励之间起到承接作用。一旦行为完成，咔哒声和奖励表明你对猫咪的反应感到满意。

每当你拿出目标，发出指令，猫咪必须做更多动作，才能听到咔哒声、获得奖励——这是以行为反应为基础的。例如，第一次训练时，将目标直接放在猫咪

鼻子前面，它触碰目标，你按压响片，给它奖励。第二次训练时，将目标举高，再落下，它的眼睛跟随目标移动时，表扬它；目标举高、落下各一次之后，按压响片，给它奖励。第三次训练时，将目标左右移动时，猫咪跟着目标移动时，表扬它；完成上述要求后（比如跟着目标左右移动各一次），按压响片，给它奖励。最后，稍微挪动目标（约18厘米），猫咪跟着目标移动时，表扬它，按压响片，给它奖励。

猫咪学习随目标移动的速度比你读完这一章的速度还要快。事关填饱肚子的大事，大多数猫咪都学得很快。最终，许多猫咪会仅仅为了体验刺激所带来的愉悦，除了表扬和响片的咔哒声之外，别的什么都不在乎。猫咪精神紧张的时候，比如在陌生环境或陌生人附近训练，这种情况就愈加明显。而积极训练正是帮助猫咪克服压力、在新环境放松下来的一种方式。

第3章 小坐片刻

对于大型猫科动物来说，最常见的马戏表演是后腿支撑，臀部着地，前腿举到空中。对于野猫来说，这一招简直复杂到不可想象，然而家猫却能轻易做到。事实上，这个姿势还可以作为许多更加复杂的动作的基础，比如握手、挥爪、跳上物体或穿过物体。

坐立练习具体是这样的：首先听令坐下，再抬起前腿，形成经典的“招财猫”姿势，并保持一段时间。猫咪的平衡性好，灵活度高，做这个动作比狗狗轻松得多。

猫咪学习“过来，坐下”时，很可能不到5分钟就学会这个姿势了。猫咪一旦被什么东西吸引，会本能地臀部着地，摆出坐立姿势，前爪悬在空中，方便随时抓取心仪的物品。

“过来，坐下”指令是猫咪学习其他姿势的基础。

小猫咪，快坐下

看到感兴趣的东西，大多数猫咪都会坐下，但这与听指令坐下完全是两码事。没错，它们（兴趣盎然地）紧盯着你的视觉提示，但正因为你的提示，还有它们对奖励的渴望，它们才摆出坐立的姿势。换句话说，这个动作不是自发的，而是被你的行为触发的。然而，在训练猫咪按指令做动作的过程中，你要让它们觉得自己的行为是完全自愿的。

猫咪学会坐立之后，不用急着让姿势保持太久，因为这在训练猫咪“保持姿势”环节（通过更加高效的方式）就能实现。

1. 猫咪过来后，用中指和大拇指夹着猫粮，递到它两眼之间、离头顶数厘米的位置，引它抬头。
2. 随着它抬头仰望，臀部就会下沉。
3. 食指对准同一个方向，手拿猫粮向它的后方移动。猫粮不要拿得太高，否则它会跳起来抢食物。猫粮跟它的鼻子“若即若离”，它想碰又碰不到。

让猫咪过来，然后开始训练。

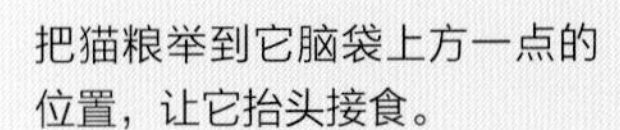

把猫粮举到它脑袋上方一点的位置，让它抬头接食。

把猫粮缓慢地移动到猫咪脑后，猫咪的目光会追随着猫粮，这让它不由自主地摆出坐姿。

4. 一旦猫咪的臀部触碰到地板，马上按压响片、表扬它并给予奖励。

现在即便你不说“过来”指令，也可以直接使用“坐下”指令了。猫咪学会“过来”和“坐下”指令后，就能学习其他动作，也可以做到原地“坐下”。就算“过来”指令暂时“失灵”，如果猫咪能听指令坐下，那么想要抓它也会容易得多。

在猫咪的训练课程里反复练习这个动作，为更高层次的训练打好基础。例如，学会“坐下”和“保持姿势”后，就能学习“握手”“挥爪”和“坐立”了。良好的坐姿可以确保猫咪在学习其他行为时更加自如。

坐立

为了让猫咪跟着诱饵向上立起，诱饵一定要保持在与它咫尺之近的位置。用大拇指和中指夹着饵料，食指伸直，建立这个训练的食物饵料与视觉提示之间的联系。

先让猫咪过来坐下数次，吸引它的注意力。重复两三次后，手指上方，同时说：“小猫咪（此处可用它的名字替换），向上抬。”猫咪向上看就可以获得奖励。接下来，引导它把前爪稍微抬离地面，再给它奖励。通过每次的“过来”—“坐下”—“站立”指令组合训练，逐步增加前爪抬离高度。用不了几分钟，猫咪就能站直身子，而且可能用一只或两只爪子抓住你的手以支撑身体。

为避免模式化训练，不要反复使用同

训练多只猫咪

如果家里的猫咪不止一只，而且都想得到训练，建议分开单独进行。当每一只都学会了基本行为，如“过来”和“坐立”，你就可以在其他训练人员的帮助下，把它们聚在一个房间内训练。同时训练两只猫的前提是：它们都已经深谙训练之道。

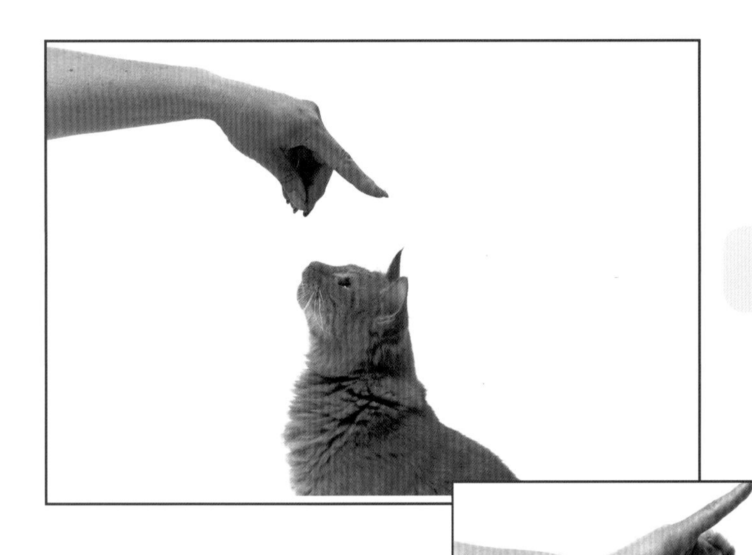

吸引猫咪的注意力，让它坐下。

猫咪坐下后，将目标举到它头顶刚刚够不着的位置，手指提示它做“站立”的姿势。

让猫咪用爪子扶住你的手，以保持自身平衡。

一个指令组合。有时候可以只发出“过来”和“坐下”指令，有时候可以再增加“站立”指令。

一定要在猫咪完成全部指令后，再对它说“真厉害，小猫咪”，如果未完成时就表扬它，它会以为自己已经完成指令了。在猫咪获得奖励之前表扬它，可以起到承接作用。表扬的时机很重要，猫咪完成指令的那一刻应该立即给予表扬（可以配合按压响片）。

“站立”的变体

猫咪把爪子放在逗猫棒附近，双眼紧盯捏着金枪鱼的手，这就是双重定位。

“站立”姿势有几种变体：一是让猫咪在不碰你的情况下自行依靠腰臀保持几秒钟的平衡；二是它用爪子抓住你的手；三是让它把爪子撑在凸起的物体表面。

最简单的做法就是让猫咪用爪子抓住你的手，然后因势利导，教它在不触碰你的前提下保持站立姿势。猫咪领会这个指令之后，就自己用爪子撑在其他物体表面。

先从“过来”和“坐下”指令开始。（猫咪按指令完成动作后，一定要表扬它，强化其行为。）猫咪“坐下”后，将目标（手或带有饵料的逗猫棒）举到它鼻子的正上方，慢慢吸引它的目光向上抬高。每抬高一点，就表扬它，给它奖励。当猫咪上

身完全直立，再引导它触碰你的手，也可以不触碰。

刚开始的时候，许多猫咪会自然而然地依靠触碰你来保持平衡，你可以把这种行为与指令和奖励相结合，形成新的指令。较为困难的是训练猫咪不触碰你的手就能摆出“站立”姿势。如果猫咪习惯了用爪子抓握，一定要教导它保持平衡时不抓你的手。为此，猫咪伸爪来扶你的时候，你要把手稍微放远一些，等它不再伸爪子，而且仍然保持“站立”姿势时，就表扬它，奖励它。

除了将爪子放在椅背上，猫咪还可以同时学会“握手”和“挥爪”。

这只猫咪在做“站立”动作，前爪扶在椅背上。

把爪子放在物体上面

训练猫咪把爪子放在物体上面（比如椅子或沙发上）的步骤如下：用“过来”口令引导它到指定位置，等它靠近后，让它“坐下”。用目标敲击物体表面，猫咪会先把鼻子凑向目标和饵料，如果不能得偿所愿，它的上身会自然而然地直立起来，此时要立刻表扬它或按压响片，给予奖励。

每当猫咪上身直立，就要求它再做一次，直至它把前爪放在物体表面。做到这一点后，你可以让它保持一段时间，再表扬它或按压响片，给予奖励，同时辅助

使用“保持姿势”训练指令（下一章将会讲到），以巩固这一行为。

你还可以增加“站立”训练的难度，比如让猫咪像马戏团的大型猫科动物一样“抓空气”，或者后腿站立转圈。不过，前提是确定猫咪完全掌握了基本的“站立”动作，能够毫不犹豫地做出“站立”的三种变体动作。

第4章 动起来

控制不良行为的秘诀就是把不良行为转变成期望的行为。换句话说，我们要训练猫咪按指令做动作，减少它自主探索的冲动。猫咪是智慧生物，它们会发明自娱自乐的办法。爬到桌上或翻垃圾并不只是为了寻找食物，因为家猫不愁吃喝，它们的这类行为是出于找事做的冲动。搜寻行为是猫咪的天性，它们无时无刻不在搜寻：找藏身之所；找交配对象；找果腹之物；在自己的地盘游荡，标记领地。在野外，猫咪会整天做这些活动；而在家里，除了攀爬桌椅等“山峦”，或者在垃圾桶等“山谷”里翻来翻去，猫咪没有别的宣泄途径。实际上，你的猫咪觉得生活枯燥至极。

你对猫咪的训练慢慢会成为猫咪每天期待的“职业”。何不把天性活动转化成精心设计的行为呢？

猫咪已经掌握了“过来”“坐下”和“站立”等动作及其变体，而让猫咪从一个表面转移到另一个表面，或者转圈、握手、挥爪，乃至钻圈、跳杆等等，这些动作所用的指令和视觉提示基本与前面相同。你想让猫咪走到指定位置，它所选择的路径可以忽略，你的“过来”手势会引导它从A点走到B点。结合手势和口令，猫咪会对特定声音形成条件反射。不过，相比口令，大多数猫咪更容易受到手势引导。口令只是让我们的大脑记住这些动作，其向猫咪传递信息的作用并不明显。

跳到椅子上

首先选择两个防滑表面，比如宽的布面椅，两把椅子之间的距离小于1英尺（30.48厘米），确保椅子放置牢固，不会轻易移动。表面不稳定的物体，猫咪是不会跳上去的，即便可能失足一次，但很少会有第二次。为了让猫咪配合，首先要取得猫咪的信任。

1. 亮出猫粮，慢慢引导猫咪到椅子旁边，然后表扬它或者按压响片，给它奖励。
2. 把猫粮放在距离椅面高度一半的位置，猫咪伸嘴吃食时，表扬它或者按压响片，给它奖励。接下来，逐渐抬高猫粮，直至猫咪够到椅面。
3. 把猫粮放到椅面中央，在猫粮旁轻轻拍打。拍打声把猫咪的注意力吸引到猫粮的位置，它很可能会跳上椅子来获得奖励。等它跳上椅子吃东西的时候，表扬它或者按压响片。
4. 猫咪待在椅子上，让它“坐下”和“站立”。
5. 跟椅子拉开一小段距离，让猫咪“过来”。
6. 猫咪过来之后，让它“坐下”，表扬或者按压响片，给它奖励。
7. 下次再让它跳上椅子时，只需轻拍椅面，让它“跳上来”，不需要

用“过来”指令引导猫咪来到椅子前，把猫粮放在椅面上，轻轻拍打椅面。

猫咪跳上椅面后，就把猫粮奖励给它。

引导猫咪在椅面上“站立”。

引导猫咪在椅面上“坐下”。

再像刚开始那样用猫粮引导它。

如此重复不到三次，大多数猫咪就都能学会了。它们很快就能明白怎么做才会得到奖励。训练用词可以自主选择，但选定之后就要贯彻始终。不过，“过来”

和“站立”这两个词代表猫咪已经养成的行为。猫咪知道“过来”的意思，也知道你轻拍椅面的时候，它跳上去就能得到奖励，所以“过来，跳上来”就把两种行为联结在一起了。

反复练习几次“跳上椅子”指令，再继续下一步。猫咪很快就能回应“过来，跳上椅子”和“跳下椅子，过来”指令，然后再尝试“从一把椅子跳到另一把椅子上”指令。

从一把椅子跳到另一把椅子上

“从一把椅子跳到另一把椅子上”的指令训练能转移猫咪跳上不应该跳的物体表面（如台面和桌面）的冲动，通过向它展示何时跳向何处，把不良行为纠正成积极行为。

1. 让猫咪跳上椅子。
2. 亮出猫粮，逗引它走到椅子边缘。当着它的面把猫粮放在另一把椅子的正中央。
3. 轻拍猫粮旁边的椅面。（猫咪知道，你轻拍时，它只要过来探索一番，就能吃到猫粮。）它会跳到放有猫粮的椅子上，此时此刻，记得

轻拍椅面，吸引猫咪注意到猫粮。

在它吃到猫粮的时候表扬它。

4. 反过来再来一次。把猫粮放在猫咪跳离的椅子上，轻拍椅面，同时发出指令，比如“过来”或“跳”。它来到轻拍的位置时，要表扬它。
5. 双向反复练习多次。
6. 穿插其他练习，比如“过来”“坐下”“站立”，然后再让猫咪跳上椅子。
7. 趁猫咪吃猫粮的时候，调大椅子的间距。
8. 轻拍没有猫粮的椅面，让猫咪“快过来”。
9. 反复练习数次，但在下一次训练之前，不要再调大椅子间距。

猫咪基本不会注意到椅子间距增加，它们的运动能力超强，增加的一点间距对它们来说是小菜一碟。

为了获得奖励，猫咪会从一把椅子跳到另一把椅子上。

每个训练时段都稍微增加椅子间距，注意别增加太多，以免猫咪跌落受伤。每只猫咪的个体极限不同，年纪较大或体重过度的猫咪跟年轻力壮的健康猫咪当然没得比。

反复强化练习，让猫咪跳回最初的椅子。

跳上其他物体表面

猫咪熟练掌握从一把椅子跳到另一把椅子之后，再让它练习跳到其他物体表面。千万要记住，凡是以后你不想让猫咪再跳上去的物体表面，千万不要在训练中教猫咪触及。发挥创意，教猫咪跳上沙发，再从沙发上下来找你，或者让它从椅子跳到沙发上，跳进你的怀里。还有一种方法，就是让猫咪从沙发靠背或椅背跳上你的肩膀。还有很多其他有趣的形式，但事先提醒一下，一旦猫咪一门心思投入学习，九头牛都拉不回来，那时候你就惨了。我认识一只叫查尔斯的猫咪，它学会了在主人洗澡的时候全程凝视。主人曾教它从马桶跳到毛巾架上，然后再跳到淋浴间玻璃门上。当然了，它只会在淋浴水声响起时才会这么做。被猫咪盯着洗澡，那感觉难以言喻！

查尔斯自己学会了跳上主人的淋浴间玻璃门。

衔物

如果很幸运，你家猫咪喜欢给你带“猎物”，那它将很容易学会衔物。有些猫咪喜欢给主人带“礼物”。许多个早晨，我一觉醒来，起床发现旁边整整齐齐地摆着猫咪的“猎物”。猫咪有时候也会衔来别的东西。我的暹罗猫玲玲就喜欢软发夹。它每天早上都会在我鼻子下面放一枚发夹，在我耳边喵喵叫，直到我“愤怒”地抓起发夹扔到一边。用不了几秒钟，发夹又会回到我的鼻子下方。这是玲玲最爱的游戏。有它在家的日子，我从来没赖过床。

猫咪的游戏往往基于猫咪的喂养本能。在野外，它们要捕获猎物，再把猎物带回巢穴给自己的孩子。显然，我的猫咪觉得我也需要照顾。

实际上，家猫的衔物行为只不过是锻炼它们平时很少应用的本能。它们会想方设法利用自己的本能行为来增加生活的乐趣。训练家猫听指令衔物，既可以为它们发挥本能提供积极的宣泄口，又可以增进猫咪和主人之间的关系。我们也可以利用猫咪的这种本能训练它帮助行动不便的主人。当然了，大多数猫咪不能负重，但它们可以衔取笔或钥匙，也能学会按下操控机械的按钮。猫咪治疗师的衔物行为还能为身边的人增添生活的乐趣。

玩具奖励

出于捕食本能，许多猫咪在用玩具替代食物进行训练的时候照样学得很快，对于吃喝不愁而又十分挑剔的猫咪而言更是如此。选择与猫咪的天然猎物最相似的玩具，逗引猫咪，直到引起它的关注，然后再顺势教它动作。猫咪达到既定目标后，把玩具留给它玩耍。

衔物训练

教猫咪听指令衔物的最佳办法是使用响片，这有助于迅速培养行为习惯。

先拿来猫咪最喜欢的玩具，跟它玩一会儿。你可以左右摆动玩具，也可以躲在物品后面玩躲猫猫，还可以提着玩具在猫咪面前摇来晃去——只要能逗引它来玩玩具就行。一旦猫咪开始全神贯注地玩玩具，就把玩具扔开一小段距离。如果猫咪马上跑过去衔住，就按压响片，在玩具旁边直接给它奖励。如果它没有跑过去衔住玩具，就按以下步骤进行：

1. 用逗猫棒触碰玩具，如果猫咪去吃逗猫棒上的猫粮，就按压响片，允许它吃猫粮。
2. 重复第一个步骤两到三次。
3. 猫咪跑向逗猫棒时，用逗猫棒指向玩具，但不要在勺内放猫粮。
4. 猫咪去勺内找食物时，要让它同时接触玩具，然后才能按压响片，再给它吃猫粮。
5. 反复练习，让猫咪多与玩具接触。例如，刚开始的时候，猫咪可能会偶然触碰到玩具。下一次，要在它再次接触玩具的时候才按压响片。之后，当猫咪的注意力越来越集中在玩具上，不再追逐逗猫棒时，按压响片。猫咪将学会关注逗猫棒所指的地方，而不去关注逗猫棒本身。

从逗猫棒上衔取奖励

教猫咪从逗猫棒上衔取奖励非常简单。先向猫咪展示奖励就在逗猫棒的勺子里，等它来嗅闻逗猫棒，就按压响片，让它拿取奖励。反复练习至少三次，让它明白奖励来自逗猫棒。

在猫咪学习从逗猫棒上衔取奖励的时候，把前面训练中着眼于手的习惯转变成关注逗猫棒。例如，把逗猫棒举到离地面很近的位置，缓缓后退，逗引猫咪“过来”，等它追过来，按压响片，让它衔取奖励，然后再逐步增加距离；在训练猫咪从一把椅子跳到另一把椅子上时，用逗猫棒轻敲椅面。逗猫棒非常适合教猫咪从一点移动到另一点和衔物，但不适用于具体动作，例如“坐下”“趴下”“保持姿势”或“挥爪”。

可以利用逗猫棒把猫咪的注意力吸引到你希望它关注的任意物品上。

猫咪将学会在你没有用逗猫棒触碰玩具的时候去触碰玩具。

6. 猫咪学会走向玩具并触碰之后，要“提高难度”，等它衔起玩具再按压响片，给它奖励。

表演吧，查基

我的一个客户家有只猫叫查基，已经学会了跳上物体表面、“过来”和“坐立”等动作。他家里共有四只猫、两条狗，查基不是其中最出众的，但却最能跟其他人互动。查基学习“趴下”和“打滚”这两个动作的时间其实是它自己选的。它来到我的门前，趴下，四肢伸展，然后打了个滚。它在 10 分钟内就学会了按指令做这些动作。

有时候，它的主人想跟它玩，它会爱理不理的，这时我会让主人先训练其他动物。查基为了引起大家的注意，会先跳到台阶上，然后跳上栏杆，最后再跳到人的肩膀上——这都是它自学的。看得出来，查基想继续参加训练。果然，在接下来的训练时段，它乖乖地为主人表演了“趴下”和“打滚”动作。它可能会比较难应付，但绝对不傻。查基特别喜欢表演。

有时候，“惩罚”猫咪的最佳方式就是“晾”它们一会儿。

7. 逐渐提高标准，让猫咪衔起玩具，回到你身边，然后再按压响片，要让它明白其中的关系。这似乎需要大量时间才能实现，但猫咪学会这些行为所需的时间，很可能比你学习这些步骤所需的时间还要短。

转圈圈

“转圈圈”很好教，既可以在地面上进行，也可以在椅子上进行。“转圈圈”与“过来”指令类似，只不过猫咪要跟着目标转圈。这个动作最有意思的是，在猫咪学习的过程中，你可以增加“迂回曲折”，让猫咪加速转圈。

1. 让猫咪“过来”并“坐下”。
2. 向猫咪展示目标，将目标从猫咪的面前移到尾部，从而让猫咪“转圈圈”。等到它的头转过来触碰到目标，表扬它，按压响片，给它奖励。

3. 每次猫咪追寻目标的时候，都让它多转一会儿，直至转完整个圈。

4. 猫咪熟练地转一圈之后，再增加一圈。如果猫咪对于转一圈以上感到迷惑，那就在它转完一圈时及时给它奖励。千万不要让猫咪丧失了表演动力。

先从“过来”和“坐下”开始，把猫咪的注意力吸引到目标上。

猫咪学会转圈之后，你可以提高难度，让它分别在你站立和走动的时候从你的双腿之间穿行。当然了，要点在于将目标指着你希望它移动的方向，增加的动作每做对一次就给予奖励。猫咪很愿意表演和学习，这样训练肯定能迅速培养出行为习惯。猫咪在几分钟内学会转圈圈或经过一次训练就能在双腿之间穿行，这种事情屡见不鲜。

将目标移动到尾部，引导它转头。

猫咪学习的每一种动作都能给难度更高的动作打下坚实的基础。

暂时不要给它吃猫粮。把猫粮放在尾巴附近，让它完全转过来。

拿着猫粮逐渐接近它的鼻子，但暂时不要让它吃到。

转完一圈后，奖励猫粮。

第5章 保持姿势

你居住的区域会不会对猫咪来说不安全？比如说你住在公寓大厦或公寓综合楼，或者毗邻马路。要想猫咪在自己进出家门的时候待在原地，就应该教他明白“保持姿势”的含义。

“保持姿势”大概是猫咪最难学会的行为了。当然，它们往往大部分时间都待在同一个地方，但这是出于它们自身的意愿，跟按指令“保持姿势”完全是两码事。

有些猫咪仅仅需要暗示它能吃到美食，它就能学会待在原地不动，有些猫咪则需要“物理协助”才能“保持姿势”。这并不是说要呵斥猫咪或把猫咪扔回原

> **“坐下/保持姿势”的变体**
>
> 把猫咪已经学会的姿势结合起来，可以增添训练的乐趣。比如让猫咪在椅子上或沙发靠背上“坐下/保持姿势”，然后喊它“过来”；也可以让它在地上“坐下/保持姿势”，再示意它“过来”到高处。改变猫咪行为特征的方法有很多，寻找方法的过程永远不会枯燥。你不觉得枯燥，猫咪也就不会觉得枯燥。

来的地方，而是要温柔地把它放回原地，轻轻抚摸它，鼓励它按照要求保持姿势。一旦“下手过重”，或者强迫猫咪保持姿势，它就会彻底放弃合作。对待猫咪，要用好话“哄”着它，用好吃的“贿赂”它。惩罚猫咪的唯一方式就是忽视它，达到负强化的目的。

“坐下/保持姿势”指令

“坐下/保持姿势”对猫咪来说很难学，我们应该把这个指令分解成一两秒钟的数个小目标，逐渐增加维持时间和干扰因素。这叫循环渐进法——随着猫咪学会每一个步骤，逐渐提高难度。以下为“坐下/保持姿势”动作步骤分解：

1. 猫咪过来“坐下”。
2. 让猫咪待着别动，手伸到它面前，手掌正对着它。在它保持姿势的过程中表扬它，这会鼓励它为了得到奖励而继续保持姿势。
3. 在猫咪保持姿势达数秒后给它奖励。
4. 重复上述步骤，逐渐增加保持时间。

一两周之后，猫咪“坐下/保持姿势”的时间最长能达到30秒。

猫咪不愿“坐下/保持姿势”该怎么办

有的猫咪要被放回原地数次才能学会“坐下/保持姿势”。具体怎么做，主要取决于猫咪的性格。有些猫咪不在乎被抓起来摆弄，有些则不管动作多么轻柔，都会产生恐惧心理。

先从“过来”和“坐下”开始。

手掌对着猫咪的脸，对它说“保持姿势”。

心急的猫咪可能迫不及待想吃你手中的猫粮。要有耐心，必要的话，可以反复练习。

逗引猫咪变回原姿势，但要在视觉提示与猫咪的行为承接之后再给予奖励。

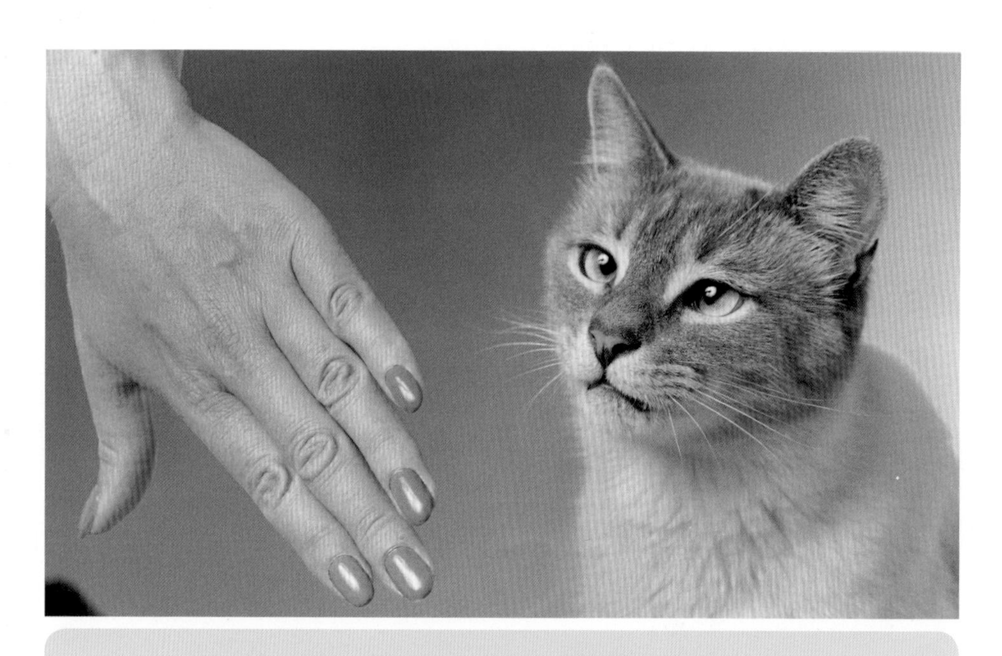

“保持姿势”指令结合手部动作的视觉提示，会让猫咪明白你想让它做什么。

可以用奖励逗引猫咪开始“恢复姿势”。它起身时，把奖励放在它的鼻子下方，引导它恢复原姿势，并在它恢复之后加以表扬。猫咪坐下后，再次告知它“保持姿势”。要有耐心，猫咪可能没办法一下子“坐下/保持姿势”到你要求的时间。有时候，不妨稍微“倒退”一下，缩短“坐下/保持姿势”的时间，然后再逐步增加。频繁纠正很可能会打击猫咪的积极性。

在教“坐下/保持姿势”时，一定要结合其他动作，比如“过来”和“坐下”，练习物体表面跳跃，教猫咪跳上其他物体表面。椅子或矮桌子也是练习“坐下/保持姿势”的好地方。有些猫咪在高处学习“坐下/保持姿势”会更快，因为它们不太可能像在地面上那样四处跑动。

保持姿势，萨沙

到目前为止我最享受的一次合作是给马里兰州彩票拍电视广告。广告的主角是澳大利亚牧羊犬泰迪和橘猫萨沙。萨沙要表演“趴下/保持姿势”，可是这次表演在户外进行，它不熟悉这个地点，摄像机在它面前来回移动，拍摄人员身后车来车往。如果导演早点把拍摄地点告诉我，我们还能提前适应环境，可惜制片人员没有考虑那么多，选择地点都在一念之间。所幸萨沙适应能力强，什么都影响不了它。保险起见，我用背带拴住它，它的背毛把背带盖得严严实实，然后我把绳子压在它身后的盆景箱下面。我让一位训练师待在楼梯一边，必要时可以帮忙抓住萨沙。摄像机开始拍摄的时候，我让萨沙“保持姿势”，然后走到摄像机画面外但萨沙能看到我的地方。在拍摄过程中，我一直在表扬它。萨沙真的特别棒，它以前从没在户外表演过，表演情况也跟现在大不相同。它在原地待了至少 20 分钟，而且还特别放松。它的眼睛跟着摄像机移动，双耳竖起，倾听头顶上树林里的各种鸟鸣声。这样的喵咪可真是万里挑一。

对于不在乎被人抓起来摆弄或性格活泼的猫咪，你可以把它提起来放回练习“保持姿势”的地方。回到原地之后，在它面前做手势、给出“保持姿势”的指令，同时手掌逐渐靠近它的鼻子。看到你的手势，猫咪会把重心转移到后肢，然后至少保持一段时间。接着，在两周的训练期内逐步增加保持时间。

猫咪在同一个地方待30秒以上，然后才能开始干扰它，让它习惯距离感。对于大多数猫咪来说，达到这种程度的自控能力是很难的，一定要有耐心和恒心，可以时不时“倒退”一点，让猫咪真正理解行为的含义。

猫咪很快就能记住“保持姿势”的指令手势。猫咪学会“坐下/保持姿势”之后，你可以增加保持姿势的时间。

习惯距离感

首先让猫咪待在原地，你在他周围走动。

1. 让猫咪“过来”并“坐下”。

在它坐下的时候，给它奖励。

2. 用指令手势让它“保持姿势”。

3. 当猫咪保持坐姿时，在它面前左右走动。如果它起身，要么引导它回原位置，要么把它放回原位置。重复“保持姿势”指令和手势，然后再在它面前来回走动。

在猫咪“坐下/保持姿势”时，慢慢远离它。

4. 下一次让猫咪“坐下/保持姿势”时，绕着它转圈，或者无规则来回走动。无论你在它周围做什么，猫咪都应当岿然不动。

5. 经过几次训练，无论你在它身边怎么走动，它都会坚持“坐下/保持姿势”。

训练猫咪既有趣又能增进你们的关系。让训练时间充满乐趣吧！

猫咪对“坐下/保持姿势”的分神运动免疫之后，就可以开始训练“习惯距离感”了。距离感免疫训练要循序渐进，与猫咪“坐下/保持姿势”时逐渐增加围绕它的移动量一样。距离的增减要微妙，不能突然从猫咪身边离开，否则它肯定会移动。要围绕它走动，在走动过程中逐渐拉开距离。还要以猫咪为中心，以螺旋形式逐步远离。大多数猫咪不喜欢看到别人径直走过来，特别是从远处直接过来。

在猫咪“坐下/保持姿势”的整个过程里表扬它，“乖猫咪”这种话说多少次都不为过。回到猫咪身边之后，“解除”姿势，给它奖励。

在猫咪可靠掌握“坐下/保持姿势”之后，你可

以叫它“过来”，让它改变姿势。不过不要经常这样做，否则会影响猫咪在你远离时做“坐下/保持姿势”这个动作的能力——它会在你靠近时起身索要奖励，而不是按要求保持姿势。尽量把训练安排得多样化，让猫咪期待指令，而不是机械地展示习得动作。

第6章 趴下与保持姿势

本章要讲的是最难的动作——“趴下/保持姿势”。你可能会问：“猫咪本来就整天躺着，这个动作有什么难的？”其实非常难。“趴下”是顺从姿态，只有当猫咪对训练和周围环境特别放心，或者认为奖励值得自己“屈尊纡贵”，或者觉得高高在上、掌控局面并不重要（这种想法很少见）时，它才会做“趴下”姿势。

练习“趴下／保持姿势”指令

引导猫咪“趴下”的方法有很多，关键在于引导，千万不要强迫它，否则猫咪会短期“罢工”。每一步都要循序渐进，把其他行为结合起来。把训练分解成小步骤，猫咪就能迅速学会，并愿意去表演。

把“趴下/保持姿势”分解成如下步骤：

1. 低头
2. 蜷伏
3. 蜷伏至肚皮贴地
4. 蜷伏至四肢前伸
5. 以蜷伏姿势趴在地上
6. 用放松的姿势趴下

训练即将开始时，猫咪会变得积极、灵敏。

步骤 #1：低头

1. 让猫咪“过来”并“坐下”，然后“保持姿势”。
2. 把猫粮放在地上，用手掌盖住。另一只手的食指先指向猫粮，后轻点地面，引起猫咪的注意。
3. 在猫咪“研究”手指轻点的位置时，抬起盖住猫粮的手，然后在猫咪吃掉猫粮时予以表扬（按压响片）。
4. 重复上述过程至少两次，然后继续做几分钟其他动作。
5. 重新引导猫咪来“研究”藏在手下的猫粮，只要它做到，就立刻按压响片或表扬它，允许它吃掉猫粮。

> **循序渐进**
>
> 循序渐进是培养行为模式（如“趴下”或“保持姿势”）的关键。每种动作都要分解成小步骤，按步骤教导，每做到一点，就提高难度。通过这种方式，所训练的行为才会在短时间内深入“猫”心。

猫咪学会了“低头”，现在要把“低头”和“趴下”结合起来。要注意，“低头趴下”动作要混合其他动作，别让猫咪觉得枯燥。只要猫咪做得到位，就一定给予大量的强化反馈，鼓励它继续学习，延长注意力集中时间。

猫咪会“研究”放在地上的猫粮。

步骤 #2：蜷伏

1. 引导猫咪嗅闻藏在手下的猫粮。如果它没有立刻过来翻找，用另一只手的食指轻点猫粮旁边的地面。
2. 这一次，等到猫咪蜷伏下来再挪开手，让它吃掉猫粮。在嗅闻猫粮的过程中，它会试图把鼻子凑到你的手掌下。
3. 任由它把鼻子凑到手掌下，但在它的身体完全蜷伏下来之前，不要抬手让它吃到猫粮。等它完全蜷伏后，表扬它或按压响片，允许它吃掉猫粮。
4. 重复几次，再结合其他行为模式训练。

步骤 #3：蜷伏至肚皮贴地

1. 重复步骤#2的分步骤。
2. 等到猫咪蜷伏且肚皮贴地时，才允许它吃到猫粮。

步骤 #4：蜷伏至四肢前伸

1. 引导猫咪四肢伸向盖住猫粮的手掌。许多猫咪会自然而然地做出这

猫咪用爪子或鼻子来够猫粮的话，就如它所愿。

一旦猫咪平趴在地上（肚皮贴地），就给它奖励，大加表扬。

个抓取猫粮的动作。

2. 猫咪伸爪来够猫粮时，抬起手，允许它“拿”到猫粮，并表扬它（按压响片）。

步骤 #5：以蜷伏姿势趴在地上

1. 在猫咪伸爪够猫粮时，藏好猫粮，直到它形成蜷伏姿势。
2. 在猫咪肚皮贴地平趴下来、放松身体形成趴下姿势时，按压响片，表扬它，给它奖励。

步骤 #6：用放松的姿势趴下

1. 手指向下指，与之前轻点猫粮旁边的地面相同，让猫咪“趴下”。
2. 在猫咪蜷伏时给予表扬，但不要给它奖励。
3. 把奖励放在它鼻

把猫咪的注意力吸引到你手中的奖励上，手向它的肩部移动，引导猫咪转头。

子附近，引导它转头，从而把重心转移到一侧。

4. 随着重心转移，它的一侧臀部会压在身下，此时按压响片，表扬它，给它奖励。

5. 重复若干次，只在它完全摆出这个姿势时才给予奖励，然后让猫咪做其他动作，继续训练。

趴下／保持姿势

猫咪先学会“坐下/保持姿势”有助于进阶训练“趴下/保持姿势”，后者只不过在它已掌握的动作上增加了一步。猫咪明白了口令和视觉提示的含义，你可以同样运用视觉提示让它摆出任意姿势，唯一的差别在于如何让它恢复姿势。

在前面“坐下/保持姿势”的训练中，首先让猫咪短暂地摆出姿势，待猫咪习惯之后，再逐步增加保持时间。

在刚开始进行“趴下/保持姿势”的训练时，整个过程中奖励要一直放在它的鼻子旁边，诱惑它“保持姿势”。它可以嗅闻，但保持正确姿势至少5秒钟后才能吃到猫粮。对我们来说，5秒钟很短，但对于猫咪来说简直是度秒如年。在猫

猫咪习惯了“趴下”姿势之后，可以让它“保持姿势”。

咪保持姿势的整个时间段里，要表扬它，鼓励它的良好行为。

经过一周的每日训练（时间当然还是10分钟），猫咪“保持姿势”的时间最多可以达到30秒，猫粮直接放在他的鼻子下面它也无动于衷。不过，猫咪有时候连一秒钟也不想待着，这时“趴下/保持姿势”就很难训练了。

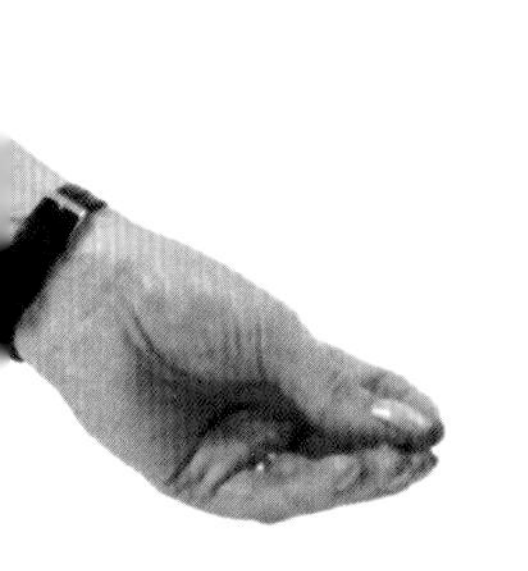

经过一段时间的训练，猫咪就能学会“趴下/保持姿势”了。

训练不可一蹴而就

如果猫咪不愿配合，那就先不训练它，“晾”它一段时间，做些别的事情，比如叠衣服、洗盘子、喂其他宠物，遛其他宠物。最后两项最能勾起猫咪重新训练的动力。猫咪希望自己成为关注点，出了名地嫉妒其他动物得宠。经过训练的猫咪更是如此。还记得我之前说过，训练猫咪不仅能让它规范行为，给它提供了日常期待，还会让它变成“惹事精”吗？经过训练而渴求关注的猫咪能想出各种招数。

在猫咪学着维持“趴下/保持姿势”动作达30秒时，开始在它面前左右走动。如果它也动了，就用猫粮引导它恢复原姿势，并在它保持姿势时表扬它。如果它

再次移动，就回到它面前。暂时退让是为了猫咪能更好地进步。

跟训练“坐下/保持姿势”动作时一样，要逐步增加活动幅度。首先左右走动，然后围绕着它走动，再拉大你们之间的距离。当然，这个过程要在几天时间里逐步实现，而不是在一次10分钟训练课程内完成。前一步要彻底完成，才能开始下一个步骤，否则你和猫咪都会饱受挫折，毫无成效。

如果猫咪百般不愿做“趴下/保持姿势”这个动作，你可以帮助它摆出“趴下”姿势，再用“保持姿势”手势让它坚持住。跟“坐下/保持姿势”一样，把手推向它的面前，能让它坚持至少几秒钟。等到它明白保持几秒钟就能获得奖励，它会逐渐增加自己的反应时间。

只要有耐心，铁杵磨成针。

第7章 出门遛弯

许多猫咪喜欢在室外玩耍，可惜室外环境对于家养猫咪来说非常危险。为了让猫咪能有机会领略室外风景，首先要教它适应佩戴背带和被人牵着走动。这个过程难度不大、耗时不多，只要在训练之初记得这个目标就行。

背带

多试几种背带，让猫咪自己决定用哪种。背带多种多样，如下页图中所示的背带十分常见，是典型的穿戴式搭扣背带。还有一种束缚前腿的背带，这种背带在猫咪拼命施展“逃脱艺术”时不易滑脱，而且方便调节，是户外拍摄的绝佳选择。

具体使用哪种背带还取决于其用途。只要是猫咪无法挣脱，并且不会在大力拉扯时引起猫咪窒息的背带，都可以在户外遛猫时使用。背带不能调得太紧，免得引起猫咪的不适，要确保背带里能塞下一根手指。

穿上背带的萨沙

在给马里兰州彩票拍摄电视广告的时候，动物演员橘猫萨沙要在房子前的台阶上表演“趴下/保持姿势”。萨沙对这个地方不熟悉，周围的松鼠和鸟儿逗引它去追逐。除此之外，摄像机装在移动的摄影车上，工作人员在房子前的人行道上来来往往。太容易分神了！我不想让萨沙在这种情况下完全失控，所以给它穿上了套腿背带，绳的另一头压在沉重的盆景箱下面。我在前面吸引萨沙的注意，我的助手站在侧面，一同拍出了不少好视频。从表面看，萨沙表演“趴下/保持姿势”的时候就像没有背带。最让人欣喜的莫过于，虽然干扰很多，萨沙却一点都没动。在摄像机和工作人员四处走动时，它特别听话地一直趴着不动。

背带训练

让猫咪穿着背带在屋里转悠，逐渐习惯束缚感和不适感。切记密切关注它的动向，以防它在挣脱时伤到自己。

让猫咪先适应背带，再拴上牵引绳。

等到猫咪习惯了背带之后，开始带它训练，让它明白穿上背带就有好事来临。许多猫咪知道，穿上背带就是要训练了。出门遛个弯，猫咪会高兴得忘掉背带的束缚。

猫咪习惯穿戴背带之后，就可以在背带上装一根轻质牵引绳，让猫咪拖着绳子四处跑动。刚开始，它会玩绳子（毕竟这相当于是自带的追逐玩具），我们要留意别让它被绳子缠住。但是，如果直接让猫咪开始训练，它可能会更快地忽视牵引绳的存在。

牵绳遛猫

牵绳遛猫应当先从室内开始，避免惊扰，而且不要一开始就牵绳子，而是让猫咪拖着绳子适应一段时间。至于其他的训

猫咪适应背带和牵引绳，给它奖励。

练，每次推进一两个步骤，逐渐增加停下和强化之间的运动量，后期再增加一些转弯和节奏变化。经过几次训练，猫咪很快就能适应牵引绳的重量和感觉。

1. 先从猫咪喜欢表演的动作入手，比如“过来”“坐下”“坐立”和“从一个物体表面跳到另一个物体表面”。
2. 猫咪成功表演几个动作之后，让它做“过来”“坐下”动作。
3. 一手拿猫粮，放在同一侧的腿边（具体用哪只手不重要，关键是在初期的牵引绳训练中一直使用同一只手），这条腿向前迈一步，让猫咪跟着你走。我的指令是“走”，你可以使用任何其他指令，关键是要贯彻始终。
4. 走两三步，猫咪追着猫粮跟过来就表扬它。
5. 停下脚步，按压响片，表扬它，给它奖励。
6. 重复上述动作，增加步数再停下脚步。
7. 猫咪明白动作含义后，让它在你停下的时候坐下来。这让它在停止运动的时候有事做，同时等待下一个指令。为了保持猫咪注意力集中，每个指令完成后，要立刻下另一个指令。大脑不断受到刺激，猫咪的注意力持续时间就会逐渐延长，否则它觉得无聊就会跑开。
8. 现在也可以开始在“走”的动作中加入其他动作。比如让猫咪在途中“趴下”，或者“从一个物体表面跳到另一个物体表面”。实现训练多样化的办法有很多，你应用得越多，猫咪表演的劲头就越足。
9. 猫咪跟着你远距离行走之后，开始变换节奏，增加转弯。

猫咪是一种非常聪慧的生物，只有不断接受刺激才能茁壮成长。如果从这里得不到刺激，它会另寻他处。有些猫咪会在你准备猫粮、休息或做家务的时候用

刚开始训练的时候，可以让猫咪做些简单的动作。

猫咪向前走出几步之后，给它奖励。

当你停下脚步的时候，让猫咪“坐下”，达到强化训练的目的。

自己学会的动作博取你的注意。

不牵绳遛弯训练进行大约一周，然后牵绳再进行同样的训练。此时猫咪对拖绳子走动和被牵着走动应该没有太大的差异感。切记，在猫咪练习过程中千万不要拉扯牵引绳，因为牵引绳的唯一作用是在室外保证猫咪的安全。

出门遛猫

带猫咪出门之前，首先确认它接种了各种疫苗，进行了寄生虫预防。相比室内，猫咪在室外更容易受细菌和疾病影响，在人口密集的地方，比如公寓楼、独

猫咪习惯被牵着走之后，你就可以带它出门遛弯了。

立公寓和排屋，寄生虫传染的风险高于你可以小心控制寄生虫水平的单身公寓。吸入其他动物的小便气味或误食粪便也会引起疾病。另外一种风险主要是在寄生虫控制区域，猫咪可能会误食灭虫药，比如吃了经过杀虫剂处理的草，或者吃了被毒杀的动物的残骸。

无论你住在什么地方，无论在何处遛猫，一定要及时防疫，避免疾病和传染。

小心为上

遛猫的时候一定要留意猫咪的举动。如果它去吃草，一定要制止它。可以在家里给它猫草吃，满足它对植物的需求。如果它去闻垃圾或吃动物尸体，也要把它拉开，转移它的注意力。遛猫的过程中，别让它靠近低矮灌木丛以及你不容易进入的其他地方。猫咪喜欢黑暗、封闭的地方，觉得那里比较有安全感；凡是气味勾起它们兴趣的地方，它们也会跑过去，比如老鼠洞或鸟类尸体。

> **遛猫安全提示**
>
> 遛猫时一定要密切关注猫咪的举动。汽车、狗或鸟类等会骤然惊扰猫咪。先在安静无人的地方慢慢地短途遛猫，让猫咪适应牵引绳。
>
> 日常遛猫会让猫咪每天都有所期待。

虽说出门遛猫的时候不可能把它“隔离”起来（如果你有这种打算，那还是干脆不要带它出门了），但要确保你和它都做好了体验的准备。

牵绳出门遛猫跟室内遛猫有着天壤之别。室外的干扰因素太多，会让它没有心思去顾及所学到的东西。它将不在乎奖励，不在乎训练，只在乎自己听到的、

看到的。

为了避免拼命让它听从指令而产生挫折感，要给它一段适应时间。这可能需要多达8次的室外短途活动，一定要有耐心。

遛猫要慢而稳

先从安静有围栏的地方开始，让猫咪接触室外环境。如果你住在小区里，可以在没人占用的情况下到网球场里遛猫，也可以在有篱笆的后院遛猫。选择有围

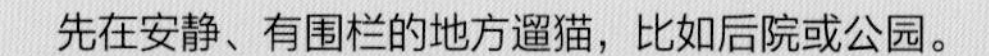

先在安静、有围栏的地方遛猫，比如后院或公园。

栏的地方是多一重保险，防止猫咪挣脱背带而引起麻烦。猫咪适应室外，不再试图挣脱背带之后，你就可以开始带着它去其他地方了。切记，环境的复杂程度要慢慢提高，不能一下子带它去信息量过大的区域。

猫咪拉扯牵引绳的时候，你可能很想跟它角力。千万别上它的当。不管你用什么类型的背带，它都有办法挣脱。这时候，要抱起猫咪，把它放在离它坚决要去的地方几英尺（1英尺约等于0.3米）开外。发出咂嘴声，或者轻拍自己的腿，引导它跟你走。如果它真的饿了，就能用食物博回它的注意。

遛猫乐趣多

遛猫时，既要有耐心，也要有恒心。外界的干扰因素很多，要让出门散步变得有趣，让猫咪享受其中。猫咪适应一个地方之后，再尝试新的地方。每次探索都是一次新的挑战，为你和猫咪带来新的惊喜。

遛猫是猫咪跟着你走，而不是你跟着猫咪走。你负责“开路”，它负责悠闲地看风景。如果不得不用牵引绳给它指路，先轻轻拉一下，再松开。除了“哎呀”之类的词，不必使用任何言语去纠正它，更不要动手去纠正。动手只会适得其反，因为在训练过程中被动手纠正，猫咪会产生逆反心理，停止做动作。

切记，猫咪做事时一定是享受其中的，大多数猫咪不是为了取悦主人而做某事，它们是真心喜欢那样做。当然，它们的确喜欢获得你的表扬和奖励。这就是猫咪真正的独立性。家猫是孤独的猎食者，正常情况下只能靠自己获取食物和住所，不像犬类和人类要抱团生存。

出门遛猫乐趣多，对于你和猫咪来说都是一种享受。

第8章 快乐瞬间

只有你想不到的，没有猫咪学不会的。激励猫咪的方式很多，你可以从有猫咪参演的电视节目或电影中找到新的灵感。以你目前对训练猫咪知识的掌握，我敢打赌，你一定知道某些动作是怎么训练出来的。大多数训练师的方法是一样的——利用操作条件反射技能、表扬、奖励和/或利用响片。

每一个终极动作都先分解成详细的步骤，再整合成为这个动作——这是教猫咪“把戏”的通用办法。相信大家在实践本书前述训练时都会发现，猫咪学习的速度真的出乎意料，但这建立在它们愿意学的基础之上。如果目标的展示方式既方便理解又有趣，那么猫咪一定会实现目标，让主人满意——关键是猫咪首先对这个动作感兴趣。

你有没有发现，影视剧里“仪态万千”的猫咪都有替身？要演出具体角色的方方面面，有时候8只猫咪才能做到。这是因为猫咪对特定行为有自己独特的癖好，很少有猫咪能在任意情境表演所有动作，有些猫咪喜欢躺着，有些喜欢蹦跳，有些则喜欢表演特定的“把戏”。

如果你的猫咪不愿表演某个特定的动作，别担心，它可能只是不感兴趣而已。不过，它肯定有别的喜欢的动作，所以千万别放弃训练。如果它比较懒散，那就多让它做“保持姿势”“坐下/保持姿势”和“趴下/保持姿势”；如果它喜欢玩耍，那就可以教它衔物或从一个地方跳到另一个地方。积极活跃的猫咪会喜欢以下动作：打滚、在腿间钻来钻去、摇铃铛、爬楼梯，可能还喜欢跳进怀抱或跳上你的肩膀。稳重的猫咪则可能喜欢亲吻你。友好且喜欢叫的猫咪一般很快就能学会按指令发出声音。

积极活跃的猫咪必学的好玩把戏

接下来的动作都是在猫咪已掌握的动作基础上加以拓展的。至此，猫咪应当已经学会了“坐下”“趴下”“保持

只要你训练得当，猫咪几乎什么动作都能学会，包括与其他“动物演员”合作。

姿势”“过来”“坐立”“跳上物体表面”以及按指令去往某个目标，以上每一个动作都是本章所述的高阶动作的基础。切记，在做较高级的动作之前，先带猫咪复习强化已经学会的动作。

先坐在椅子上，轻拍腿部，吸引猫咪的注意。

跳进怀抱

猫咪学会跳上椅子之后，就能轻而易举学会跳进怀抱。你可以坐到椅子上，使用与“跳上椅子”相同的指令和手势，猫咪很快就能学会。切记，在教这个动作时，要穿好上衣长裤，避免猫咪跳上来时把你抓伤。猫咪偏向于稳固的落脚区，一旦被撞或从你身上跌落，它可能再也不想来第二遍了。正式训练之前，双脚平踏地面，手里抓几颗猫粮。

1. 坐上椅子，轻拍腿部，让猫咪“过来，跳上来”。
2. 如果它犹豫不决，亮出猫粮，用猫粮逗引它。
3. 轻拍腿部，再次让它“过来，跳上来”。
4. 当它跳进怀里，表扬它（按压响片），给它奖励。
5. 在训练过程中，结合其他动作，重复至少4次。

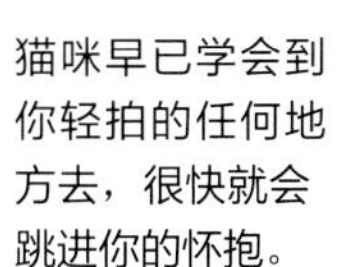

猫咪早已学会到你轻拍的任何地方去，很快就会跳进你的怀抱。

跳上肩膀

猫咪熟练掌握跳进怀抱的动作之后，就可以教它跳上肩膀了。

1. 先让猫咪“过来，跳上来”，到较高的物体表

多米尼克

多米尼克是一名脾气古怪但心肠很好的猫咪训练师，在佛罗里达州基韦斯特日落音乐节工作。他在这里知名度很高，猫咪精湛的表演吸引了大量游客。每次表演有 6 只猫咪同时参与，持续大约 20 分钟。年纪较小、经验不足的猫咪要跟出演的猫咪待在同一区域。他的绝技除了每天让猫咪进入这样的环境，还包括食物奖励、口头指令和手势。看表演的人基本听不懂多米尼克说话，因为他带着浓重的法国克里奥尔口音，但是猫咪却完全理解他的意思。观众唯一能听懂的只有“快点，跑起来”——这是在猫咪们从他腿间穿行的时候才说的。在说“快点”的时候，他的语调略微上扬，说“跑起来”的时候又变得非常柔和。对于正在钻圈的猫咪、在他转圈时挂在他身上的猫咪、坐在他肩膀上拍照的猫咪，以及在空中接猫粮的猫咪而言，这样的语调能让它们平静下来并安心。西锁岛流浪猫众多，多米尼克的训练对象源源不断。他收养了被抛弃的猫咪，并给了它们一份“工作”和关爱。

面，比如沙发靠背上或书架顶部。

2. 肩膀靠近沙发背或书架顶端，方便它一迈步就能踏上。
3. 把猫粮放在靠近脖子的地方，手指在旁边轻拍。
4. 猫咪来吃猫粮的时候，表扬它（同时按压响片）。
5. 反复练习，直至猫咪完全踏上你的肩膀来吃猫粮。
6. 接下来，拉大你和沙发靠背或书架顶端之间的距离。刚开始只挪动几英寸（1英寸等于2.54厘米），让猫咪能轻松地踏过来，但同时要离开较高的平面才能获得猫粮。
7. 在几天时间内或几个训练时段内逐步拉大距离，直至相距1英尺（约30厘米）。间距最好不要超过1英尺，否则猫咪会没有安全感，跳跃下落的过程中会伸出利爪。

用猫粮逗引猫咪到肩膀上。

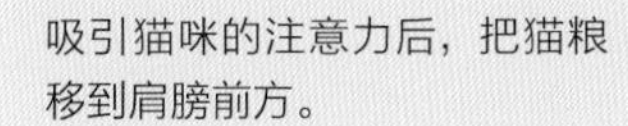

吸引猫咪的注意力后，把猫粮移到肩膀前方。

当猫咪把前爪放在你的肩膀上时，身体要稳定住。

你也可以利用各种高度的“平面”来练习这个动作，比如除了书柜之外，还有椅背和沙发靠背，或者电视机的顶部和写字台的表面。每换一个地方，对于猫咪来说都是新的刺激。不过，这里再次提醒各位，猫咪学习这类动作可能会表现过度。当它想要博取你的关注时，就会跳到你的肩膀上或背上，迫使你跟它玩。

装死和打滚

这两个动作只能在猫咪习惯“趴下/保持姿势”后开始训练。到目前为止，它应该学会了侧躺，而不是蜷伏趴在地上，因此训练时精神会特别放松。这动作非常适合懒猫，对于亢奋的猫咪来说略有些困难，特别是容易被分神的猫咪。

这两个动作都要分解成小步骤：第一步，让猫咪侧躺，眼睛看向臀部；第二步，猫咪的前半身扭转；第三步，猫咪仰卧装死，为了保持“装死”姿势，此时要对猫咪说“保持姿势”指令——要找准时机；（接下来是“打滚”）第四步，逗引它翻身到另一边侧躺；最后一步，让猫咪完成整套动作，然后蜷伏下来，准备下一轮。下面是详细的分解步骤：

1. 准备好让猫咪流口水的奖励，比如冻干肝脏、金枪鱼、鸡肉等。让

先从相对简单的“趴下/保持姿势”指令开始。

通过与让猫咪放松侧躺相同的方式，将猫粮/目标移动到它的肩膀处，吸引它摆动脑袋。

猫咪摆出被动、服从的姿势并不容易，性格要强的猫咪更是如此，所以奖励一定要有足够的诱惑力。

2. 让猫咪“趴下/保持姿势”。

3. 猫咪做完这个动作并得到奖励之后，把猫粮/目标移向它的臀部。在它的脑袋跟着目标移动的过程中，表扬它，给它奖励。

4. 再重复一次步骤3，让它加大脑袋的移动幅度，然后再表扬它，给它奖励。让猫咪稍微扭转身体，或者一边转身，一边抬起一条腿。没有人比你更了解它，如果它因为没做到位，得不到奖励而不愿做某个动作，那就减缓训练节奏，降低要求。

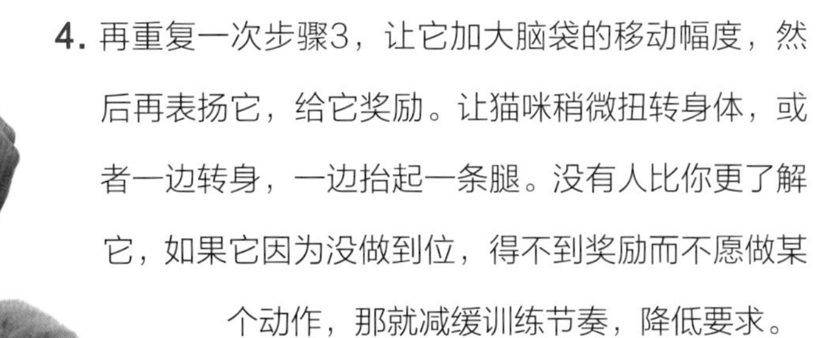

让它在躺着时稍微动动身体，然后再给它奖励。

让猫咪抓住你的手，借力仰卧。

5. 确保猫咪一直盯着猫粮，以它的臀部为中心移动猫粮，让它必须扭头才能够到猫粮。这有助于它打滚时保持身体平衡。
6. 等它完成打滚动作，表扬它（按压响片），给它奖励。
7. 结合其他动作，反复训练几次。
8. 猫咪熟悉了从一侧翻到另一侧之后，让它打滚再起来。给出“坐下”指令，在逗引它摆出坐姿之前，绝对不要奖励它，不过中途可以通过表扬来鼓励它。

一旦它完成打滚动作，就对它赞不绝口，给它奖励。

9. 这个动作的另一个变体是让猫咪连续打好几个滚。先练习打一个滚，等它熟练了，就开始练习打两个滚。由于它已经熟悉了指令，很快就能学会连续打滚。

猫咪会从你的双腿间穿行，还会蹭你的腿。

从双腿间穿行

这个动作可以在你站立的时候做，也可以在你行走的时候做。首先从双腿站立开始训练，等猫咪掌握平衡感之后，再训练行走时从双腿间穿行。

从双腿间穿行会给来访的亲友留下深刻印象，从而让猫咪更有动力。训练按以下步骤进行：

1. 亮出猫粮，在它触碰猫粮时表扬它。
2. 拿猫粮在自己的双腿周围晃动，同时对它说“穿行”。
3. 猫咪跟着猫粮走一小段距离之后，停下来，表扬它或按压响片，给它奖励。

把猫粮拿到它面前，引导它从你岔开的双腿间穿过。

穿过双腿间之后，让它绕着一条腿转圈。

4. 逐渐增加绕腿行走的距离，猫咪的整体动作每进步一点，都要表扬它，给它奖励。猫咪可能很快就能学会这个动作，因为它早已了解整个动作的前提条件。它知道“过来”，知道怎么与你一同行走，自然很容易跟着猫粮绕腿穿行。

你可以在某些时候让它坐下或躺下，把训练变得多样化，也可以加入“打滚”或“坐立”动作。每次训练多加入一些元素，猫咪就更有动力。猫咪讨厌一成不变。

增加训练动作时，一定要注意循序渐进。每次做一两个步骤，等猫咪熟悉之后再进行后续步骤。行走时要留意正绕着你的腿转圈的猫咪，千万不要在训练过程中踩到它，以免对它造成惊吓或伤害。

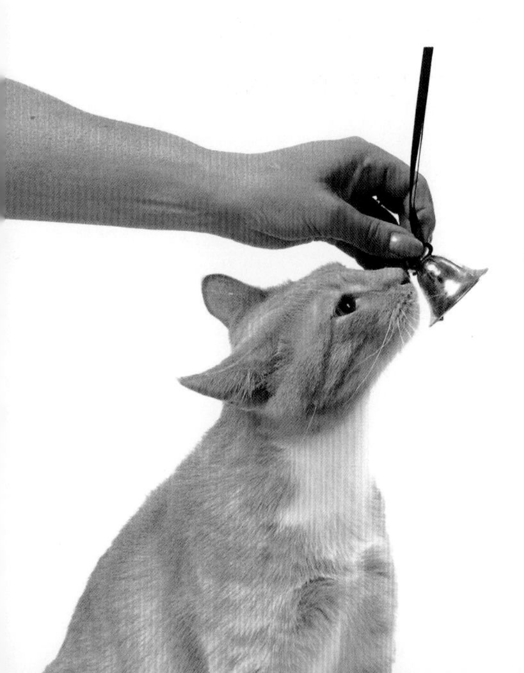

摇铃铛

这个“戏法”猫咪一旦学会之后，要记得

把抹有金枪鱼油的铃铛拿到猫咪的鼻子前，让它自己去探索散发着香味的铃铛。

让猫咪在铃铛旁边做“站立”动作，鼓励它跟铃铛“玩耍”。

把铃铛收好，免得它自己去摇。它明白铃铛晃动发出声音就能得到好吃的之后，会特别想继续这种行为。你的目的是教它听指令摇铃铛，还是希望它摇铃铛来博取你的注意？猫咪聪明绝顶，轻易就能弄明白如何让主人做出它所期望的回应。

1. 把大号门铃或中号牛铃挂在门把手上。
2. 往铃铛上抹一些金枪鱼油，指尖轻轻触碰铃铛。猫咪过来“研究”铃铛的时候，表扬它或按压响片，允许它去舔铃铛上的鱼油。
3. 铃铛发出叮当声时，表扬它或按压响片，给它一块金枪鱼肉或其他奖励。
4. 等猫咪掌握动作要领，爪尖轻触铃铛时，加入指令“摇铃铛”。经过几次训练，猫咪会按你的指令去摇铃铛。无论是到就餐时间，还是它觉得到训练时间，或者它仅仅想引起你的注意，它都会去摇铃铛。

猫咪自行来到铃铛前闻铃铛的时候，给它奖励。

爬梯子

这个动作跟让猫咪过来一样简单。梯子只不过是它必须适应的新物体表面而已。猫咪喜欢攀爬，所以猫咪一旦学会爬梯子，就会享受到无穷的乐趣。谷仓里的猫经常在阁楼里追猎老鼠或麻雀，大多很快就能学会这个动作。猫咪喜欢高处的栖息地，会想尽办法爬到高处，所以教猫咪爬梯子可以防止它攀爬窗帘。要自然地引导它在可以攀爬的地方活动。

把梯子平放在猫咪身边的地面上。

跟所有新动作一样，即便是细微地更改训练程序，也要注意循序渐进。

1. 把梯子平放在猫咪身边的地面上。
2. 在梯子周围放一些猫粮，猫咪每找到一颗猫粮，就表扬它或按压响片。
3. 给它几天时间去适应梯子的构造。把梯子放在猫咪经常待的地方，让它尽快适应。
4. 在梯子旁边做几次训练。

有些猫咪很快就能接受梯子的

让猫咪在梯子旁边做一些动作。

在获取奖励的过程中，猫咪会逐步“研究”障碍物。

存在，有些则需要几天时间才能适应。这个时候千万不要着急，否则猫咪会产生排斥感。

把梯子立到一定角度，让猫咪“过来”。

5. 在梯子旁边做“坐下”“趴下/保持姿势”等动作。
6. 在猫咪做“过来”动作时，让它从梯子上跨过来。
7. 手持玩具，比如拴有小纸团的绳子、装有猫薄荷的老鼠玩具或者猫咪最喜欢的其他玩具，在梯子一端晃动玩具。吸引猫咪的注意之后，带玩具掠过梯子的所有横木，猫咪会急切地跟着过梯子。有些

把梯子立到一定角度，让猫咪“过来”。

把梯子立起。

猫咪可能更适合用食物训练，有些则更喜欢追逐游戏。由于爬梯子是实打实的“动作戏”，用玩具可能更容易诱导猫咪。

8. 训练猫咪爬梯子的另一种办法是在每一根横木上放少量猫粮。猫咪在寻找食物奖励的过程中，就学会了爬梯子。

9. 接下来，把梯子立起与地面呈一定角度，比如45°，提高猫咪跨越障碍物时的安全意识。

随着猫咪适应在梯子的横木上活动，逐渐把梯子完全立起。

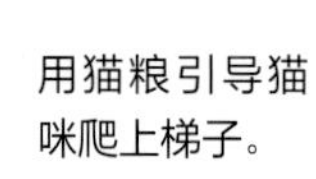
用猫粮引导猫咪爬上梯子。

猫咪爬上梯子之后，让它做“站立”动作。

稳重安静的猫咪必学的好玩把戏

虽然稳重、慵懒的猫咪喜欢躺着不动，但它还是能学会一些有趣的“把戏”的。这些“把戏”仅限于让它摇头晃脑，而影响不了它的睡觉大业。这些“把戏”也同样能勾起活跃的猫咪的兴趣。具体教猫咪多少“把戏”，这是没有限度的。谁知道呢，也许原本只爱睡懒觉的猫咪会变得积极，因为它需要有事可做！

慵懒的猫咪也能学会很多“把戏”。

听指令出声

这个技巧仅适用于爱出声的猫咪。许多东方品种的猫咪喜欢“畅所欲言”，以喵喵叫寻求陪伴。不过，普通的虎斑猫也会发现“出声后能更多地得到奖励”这一真理。我有只猫叫克罗克特，它是一只体型庞大的英国虎斑猫。每当我回到家，或者它想找到我的时候，它都会叫个不停。每当它“心花怒放”，或者想要训练的时候，它会博取我的关注，或者一直出声。如果它蹭来蹭去、喵喵叫却被我忽视，它就会伸出一只爪子，圈住我的胳膊，强迫我去

有些品种的猫咪可以学会听指令出声。

抚摸它。

每只猫咪都有自己独特的叫声。克罗克特爱“喵呜”，另一只猫卡祖是轻声“喵”（因而得名小喵——它是只体型特小、圆滚滚的黑猫咪），还有博迪则是弱弱的“咩咩”声，虽然它明明体型巨大。我那只名叫蓝莓的暹罗猫喵喵叫起来声音特别大，只要我们不在同一个房间，它就会喵喵叫。如果猫咪喜欢在你回到家或想要得到你的关注的时候叫唤，那它就能学会听指令出声。

准备开始吧

先把猫咪最喜欢的奖励准备好，方便随时拿取。每当它自主出声，就结合“出声”这一指令，给它奖励。聪明如猫咪，肯定很快就会弄明白出声与奖励之间的联系。这里提个醒，你的猫咪可能因此变得更爱叫唤。只要针对某种行为给

猫咪何止是懒，还容易觉得无聊。

予奖励，就会激励猫咪去强化这种行为。

接下来还要教猫咪按指令停止出声。但是你不能为了让猫咪停止出声而取消奖励，而是在你希望它停止出声的时候把它的注意力转移到别的东西上。转移注意力是矫正不良行为的一种积极方式。

如厕训练

这个训练项目非常好玩，但要先想好了是否真的要跟猫咪共用厕所，特别是家里只有一个厕所的情况下。如果你讨厌马桶圈被弄脏、如厕后不冲水，甚至一直重复冲水等情况，那还是不要训练猫咪如厕为好。猫咪学会这个技巧之后，要想让它停下来可就难了。

不过，如果你坚信马桶如厕偶尔出状况强过猫砂盆被搞得乱七八糟，那就按以下步骤去训练它吧！

1. 把猫咪的猫砂盆放在马桶旁边。
2. 在它的猫砂盆上面放一个马桶圈。
3. 在几周时间里，逐渐增加猫砂盆的高度，直至与马桶高度大致相同。至此，由于马桶的高度、形状与猫砂盆接近，它可能转而使用马桶。如果猫咪还没有转变如厕方式，可以使用专门训练猫咪如厕的托盘。把托盘垫在马桶圈下，撒上薄薄的一层猫砂，促使猫咪去使用——因为猫咪喜欢掩埋自己的排泄物。不过，等猫咪学会冲水，明白用水就能轻松冲掉排泄物之后，就可以撤掉托盘了。
4. 猫咪开始使用马桶之后，撤掉猫砂盆。

记住，要保证猫咪能随时进入厕所（马桶盖别放下来，否则可能会弄得一团

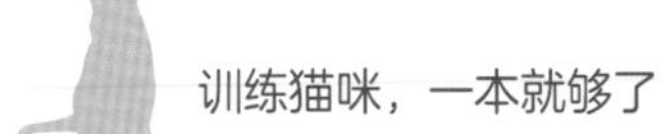

把猫咪的猫砂盆放在马桶旁边。

在几周时间里，逐渐增加猫砂盆下方书的数量，直到猫咪习惯这个高度。

当猫咪使用猫砂盆时，给它奖励。

加入一些其他训练项目，让如厕训练变得更加有趣。

在猫咪研究马桶时，给它奖励。

其他猫咪可在一旁学习。

糟），不然你回到家里会发现猫咪正急得团团转，叫着要上厕所。

猫咪学会冲马桶可以避免留下“意外的惊喜”。

冲马桶

教猫咪冲马桶的方式有如下几种：

1. 先在马桶冲水开关上挂一个吸引猫咪眼球的玩具。
2. 左右摇晃玩具，逗引猫咪来抓住玩具并拉扯，从而达到冲马桶的目的。
3. 如果猫咪做到这一步，就对它大加赞扬，给它特殊的奖励。

观察猫咪的如厕时间，如厕之后让它摆弄挂着的玩具，它自然就能学会自行冲马桶了。

在冲水开关上挂一个玩具会吸引猫咪去做冲马桶的动作。

教猫咪冲马桶的另一种办法是定向训练。你可以教猫咪拉扯悬挂的玩具（注意是听指令拉扯，不能随意拉扯），也可以教它直接踩到开关上往下压。与之前教猫咪学习其他行为一样，这项训练也要循序渐进。

1. 首先让猫咪用爪子触碰开关，确定目标。
2. 它朝开关移动时，表扬它。

3. 如果它在移动的过程中偶然触碰了开关，对它大加赞扬（按压响片），给它奖励——持续到猫咪的爪子更加接近开关。
4. 一旦猫咪的爪子碰到开关，热情地表扬它，按压响片，给它奖励。
5. 训练的目标是让它按下开关，所以要引导它逐步把力量施加到爪子上后，才能按下开关。

不过，马桶突然冲水可能会吓跑猫咪。你可以在自己冲马桶时，让猫咪在厕所里待着，从而有心理准备。每当冲水声响起，如果它还留在身边，就给它奖励。听冲水声能得到奖励，按压开关就能得到表扬——两相结合，猫咪就能学会如厕完毕后自行清理了。

教猫咪和你接吻。

亲亲

许多猫咪喜欢亲吻主人。猫咪爱干净，会尽力保持被毛和周边环境整洁，其中包括确认触摸自己的人是干净的。有些猫咪喜欢在被抚摸的时候舔人，这是它们让你参与刷毛游戏的方式，跟它们舔爪子然后用爪子刷毛是一样的性质。有些猫咪则喜欢舔你身上的盐分或其他食物颗粒。还有些猫咪童心未泯，会吮吸主人的耳垂或下巴。舔舐是放松的表现，说明和对方感情和关系紧密。我们可以轻松地把给食物或抚摸等奖励方式与这种行为联系起来。

1. 把金枪鱼油抹在你想让猫咪舔的地方，比如嘴唇或脸颊。
2. 轻触抹油的地方，对猫咪说“过来”。
3. 猫咪来了之后，继续轻触抹油的地方，对它说“亲亲”。
4. 猫咪舔舐鱼油时，表扬它，给它奖励。

你可以把金枪鱼油抹在不同的地方，比如胳膊和脸颊上，从而改变亲亲的位置。

第9章 这些毛病要不得

如何纠正常见的猫咪行为问题？此类信息在书店、图书馆和网络上浩如烟海。而我要说的是，训练猫咪是解决猫咪任何潜在行为问题的关键。这世界上不存在速效方法或神奇药丸，动物心理学家可以提出短期纠正方案，但是否有长期效果就不得而知了。

逐步解决问题的办法有很多，例如改变常规，或增加障碍物，防止猫咪到某些地方。你选择本书，我估计你是想找到能够迅速产生短期或长期效果的方法。只可惜，对于大多数行为问题，这种想法是不切实际的。

最重要的规则是鼓励猫咪的正确行为。猫咪的记忆力超强，有思维能力，但在它们做出不良行为之后再予以纠正，不但很少能达到目的，甚至还有可能让结果更糟糕。在猫咪不良行动时逮个正着，然后把不良行为引导成积极行为，这样才更有效果。猫咪很聪明，它们知道哪种行为会给自己带来正面结果。它们会积

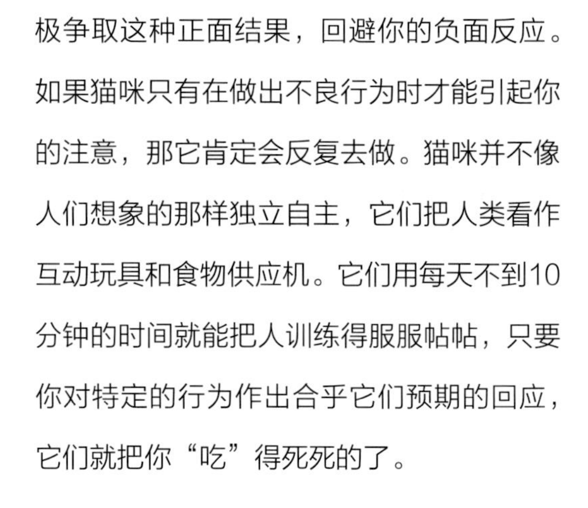

极争取这种正面结果，回避你的负面反应。如果猫咪只有在做出不良行为时才能引起你的注意，那它肯定会反复去做。猫咪并不像人们想象的那样独立自主，它们把人类看作互动玩具和食物供应机。它们用每天不到10分钟的时间就能把人训练得服服帖帖，只要你对特定的行为作出合乎它们预期的回应，它们就把你“吃”得死死的了。

训练猫咪是必经之路

无论你对纠正不良习惯有着怎样的看法，训练猫咪都是必经之路，半途而废只能一无所获。猫咪的行为准则是“虎头不蛇尾，有始就有终”，哪里管什么“灰色地带”，或者“我穿了好衣服，所以你不能捣乱”这种逻辑。当然，你不在家的时候，什么事都有可能发生。关键在于训练猫咪，让它明白积极行为比不良行为能获得更多乐趣，乖乖听话比捣乱胡闹能获得更多关注。

纠正不良行为

如果猫咪的不良行为特别严重，该怎么纠正呢？首先，控制自己的脾气。发脾气毫无用处，无论你怎么喊叫、体罚、呵斥，猫咪一概不懂。相反，你要学着与猫咪沟通。猫咪是怎么表现不悦或愤怒的呢？它们会发出嘶嘶声和类似吐痰的喷水声。如果你看到猫咪正在你的花盆里排泄，或者舔桌上没盖好的黄油（没盖好是主人的过失），就对它发出嘶嘶声，再用水枪喷它。

如果你看到猫咪在自己的猫砂盆里排泄，或者在磨爪器上磨爪子，就表扬它，给它奖励；如果猫咪走路穿过房间，而不是“飞檐走壁”，也要表扬它，给它奖励；如果猫咪跟你玩耍的时候没用爪子或牙齿伤到你，请表扬它，给它奖励。

道理就是这么简单。

引导不良行为的途径太多了。训练猫咪学习积极行为的时候，要避免它趁你不注意的时候沾染“恶习”。例如，如果你要外出工作，可以把猫咪的活动范围限制在一个房间里，防止它接触到与不良行为相关的物品。你回家之后，要盯紧它，如果它做出不良行为，就及时引导它去做积极行为，然后表扬它，给它奖励。经过坚持不懈的表扬和引导，积极行为就会取代不良行为。

抓挠家具

一定要常备适宜的磨爪工具，比如一两个猫爬架。如果你的猫咪是冥顽不化的家具改造师，要用网状织物、铝箔或胶带把抓挠破坏的地方盖住——猫咪讨厌上述物品的触感。当猫咪走向家具，你觉得它准备下爪的时候，给出“过来”指令，让它来找猫爬架。为了进一步吸引它的注意力，用猫粮诱导它把前爪放在猫爬架上。一旦它的前爪接触到猫爬架，就表扬它，按压响片，给它奖励。每次它的前爪多做些动作就表扬它，给它奖励。过不了多久，猫咪就会用猫爬架磨爪，而且遵从你的指令，因为抓挠猫爬架比抓挠家具能获得更多奖励。短时间之内，它就会去找猫爬架自得其乐了。

不用猫砂盆

猫咪不喜欢用猫砂盆的原因有很多：猫砂盆不干净；猫砂或盆子类型不合心意；不喜欢与其他猫咪共用；

结实的猫爬架也是一件有趣的玩具。

食物离猫砂盆太近。如果你把上述问题都解决了，猫咪却仍然不愿用猫砂盆，那就按下面说的做。

无论如何，都必须随时留意猫咪的动向。你出门的时候，要把它限制在安全、有足够食物和水的房间里。回到家之后，也要盯着它，如果它偷偷找地方排泄，就用嘶嘶声吓唬它。

在此期间，要正向引导，让它明白猫砂盆才是合适的排泄场所。用“过来”指令把它引到猫砂盆旁边，让它在猫砂盆里做“坐下/保持姿势”或“趴下/保持姿势”等动作（别担心，它可以在猫砂盆里做这些动作）。

盯着它待在自己的小空间里，看到它在猫砂盆里排泄，就表扬它，按压响片，给它奖励。对它在适宜的地方排泄作出正向回应，会鼓励它坚持这种行为。每当它做出正确的行为，都要表扬它，给它奖励。这会给猫咪提供表现的动力。

当它习惯了在你离家（不在附近）和在家的时候去用猫砂盆，就逐渐延长你离家的时间。刚开始去一趟附近的商店，再在几周至一个月之内逐渐延长至一个工作日。

这个过程不用占据每天太多时间，只需要在离家时安置好猫咪，回家后多留意它。跟猫咪玩耍，观察猫咪——还有比这更有趣的事情吗？

在台面和桌面行走

猫咪喜欢在高处闲逛，在台面上找食物对它们来说也是乐趣十足的事情——不仅能爬到高处，还能因此大饱口福。你是不是又忘了收起黄油？台面上晾着的鸡肉放好了吗？遇到连惊涛骇浪都不怕的猫咪，台面上的东西绝对“在劫难逃”。

养猫并不代表猫毛满天飞，食物都会盖上猫咪爪子印章。如果你能提供适宜的高处休息场所，猫咪自然就能学会避免去其他高处。例如，窗台上摆一张小床，就能让猫咪睡得舒舒服服。那地方不仅够高，而且还能看到室外。有些猫舍建得很高，能触及屋顶，也能满足猫咪喜欢在高处的需求。

猫咪学会从一个地方跳到别处之后，它到处蹦跳的冲动就有了宣泄口。现在它会听你的指令做这个动作，你可以用同样的方法教它适应窗台上的床或高处的猫舍。记住，你要引导它改掉不良行为，转而做既刺激又能得到奖励的行为。

如果你发现它跑到了台面上，该怎么办呢？发出嘶嘶声吓唬它！然后一定要引导它到合适的活动场所，再给它奖励。不过，千万别太模式化。有些猫咪很

训练猫咪远离台面：让它跟着一个简单的指令做动作，就能结束它的这种不良行为。

聪明，会先做出不良行为吸引你的注意，目的是获得被引导之后的奖励。千万记住，猫咪真的不傻。所以一定要避免模式僵化，落入猫咪的“圈套”。在一天的不同时段，所做的事情要有区别。

看到猫咪的行为正确，无论是怎样的行为，都要奖励它。

第10章 生活中的猫咪

纵观历史，猫咪受到埃及人的尊崇敬畏，在旧世界被认为是啮齿类动物数量的控制器、人类的伙伴和保卫者。有的猫咪被做成木乃伊一直陪伴它们的主人；也有人把猫咪看作家庭成员，画进全家福里。到今天为止，情形并没有发生太多变化。猫咪仍然有着这些属性，甚至更多。

虽然大多数猫咪是家庭宠物，对于整个社会来说却是不可或缺的一个群体。它们不但清除农场、船只和家里的鼠患，还能帮助生理和心理障碍人士。它们能帮助疗养院的病人振作精神，还能提醒听觉障碍人士有人打来电话或按门铃——

它们样样都做得很好。

20世纪后期，猫咪在大银幕和电视上大受欢迎。它们滑稽古怪的动作吸引着我们。从《看狗在说话》里落跑的暹罗猫，到《猫狗大战》里风靡全球的猫咪，这种奇妙的生物牵动着我们的情感神经。

农场猫咪

你是不是觉得农场里在室外生活的猫咪很可怜？大可不必。它们大概是世界上最幸福的猫咪了。它们想捕猎就捕猎，想玩耍就玩耍，全看自己的心情。它们同时也得到主人的照料，必要的疫苗都打了，做了跳蚤预防，还有主人的百般呵护。试问谁不喜欢把老鼠消灭得一干二净的猫咪呢？这是猫咪的价值核心，是它们数千年来作为人类社会成员的原因所在。当然，也有人的确没好好照顾他们的农场猫咪。如果遇到这种情况，需要把猫咪安置到能获得更多照料的家庭。有些农场主没有心思或兴趣去照顾猫咪，任由野猫与农场里的猫咪交配、传染。不过，我在全世界都有看到在农场里幸福地工作、生活的猫咪。

农场猫咪从主人那里获得了无尽的爱意和照顾。

职业猫咪

你不必特意参加德尔塔协会或类似的动物疗法俱乐部，只需联络当地的动物疗法机构，可以的话，再安排猫咪共享时间，就能让他人体验幸福愉悦。当老人或病人看到你训练有素的猫咪，绝对会非常高兴。（我敢保证，你走之后，他们会对你的猫咪赞不绝口。）你和猫咪让那么多人心情愉悦，肯定会受到热烈欢迎。不仅你能体会到助人的乐趣，猫咪也会享受这份特殊的关注。

猫咪在宠物助理界也占据了一席之地。猫咪能像狗狗一样帮助生理残障人士，只是大多数人都还没意识到罢了。它们虽然不会推轮椅或扶人，却能提醒残障人士有人打来电话或按门铃。它们可以捡取较轻的物品，比如铅笔、钥匙和厨房用具。猫咪和狗狗一样，也渴望做出一番事业。

收养

育猫的人总能找到买主，但收养猫咪同样有爱，而且能体会到拯救一条生命所带来的成就感。很多知名的猫咪演员和伴侣都是被收养的流浪猫。

猫咪收养

如果家里已经养了一只猫咪，你可能会想给它找个伴。可以考虑从救助机构或动物收容所收养猫咪，许多动物收容所里的纯种猫咪、混种猫咪在等着好人家收养。猫咪的品种、性别和年龄都可以挑选，而且收容所的大部分猫咪都已经消毒或绝育。此外，你还为拯救一只或者两只猫咪的生命做出了贡献，因为你不仅救了被收养的那只猫咪，还帮救助机构腾出空间收容新的猫咪。

大多数救助机构和收容所非常关注猫咪被收养后的生活环境，志愿者会进行家访。毕竟他们付出那么多时间、金钱和关心，肯定要确保猫咪找到一个环境友好而又稳定的家庭。填写收养表格时，如果他们询问你的经济

生活在救助机构、收容所的猫咪要学会和平共处，特别是在就餐时间。

蓝莓

蓝莓是我收养的一只漂亮的流浪猫，它是蓝点暹罗猫，所以我给它起名蓝莓。蓝莓在外流浪了几个月，当时正在我一名客户的小区里游荡。客户告诉我，每次遛狗的时候，有只流浪猫都会来打搅她的狗狗。由于我热衷给流浪猫寻找新家，便问起那只猫咪的情况。听了她的描述，我的眼睛都亮了。我从小跟暹罗猫一起长大，成年之后就没了暹罗猫的陪伴，现在特别想再拥有一只参与影视制作。蓝莓是一只尚未绝育、性情友好、十分聪慧的纯种暹罗猫，它在 5 天之内学会的东西比其他动物花 5 年时间学到的还要多。

相信你也可以通过收养流浪猫找到梦寐以求的猫咪。每只猫咪都是潜力无限的。

状况或家庭活动，请不要惊讶。照顾过猫咪的人非常了解猫咪的秉性，知道它能否适应某个具体的状况。例如，如果猫咪喜欢在玩耍时动爪子，那么有小朋友的家庭就不适宜收养它；如果猫咪不喜欢与其他猫咪共处，那么原本家里有猫咪的家庭就不适宜收养。一旦你对新朋友产生了感情，就绝对不愿意因为猫咪不适应而把它送回去。你和新收养的猫咪应当长久地共度美好未来。

猫展

纯种猫咪常常被带去参加猫展。与狗狗品种展览的相同之处在于，猫展上猫咪的评判依据也是其形态和魅力。另外还要评判其行为，因为胡乱抓咬的猫咪肯定是无法入选的。参加展览的猫咪必须像宠物疗法中猫咪或媒体界的猫咪一样，能够迅速适应新环境和人群。

大多数猫展是由新泽西州玛纳斯昆的国际爱猫联合会（CFA）组织举办的。

CFA认可的猫咪品种有37种，其中包括3种混种——美国短尾猫、拉邦猫和

让猫咪适应车内环境时，它还能学会一些新动作，比如摆出开车的姿势。

西伯利亚猫。该协会认可的纯种猫咪如下：

阿比西尼亚猫、美国卷耳猫、美国短毛猫、巴厘猫、缅甸猫、孟买猫、英国短毛猫、沙特尔猫、花点短毛猫、柯尼斯卷毛猫、德文卷毛猫、埃及猫、欧洲缅甸猫、异国卷毛猫、哈瓦那棕猫、日本短尾猫、爪哇猫、科拉特猫、缅因猫、马恩岛猫、挪威森林猫、奥西猫、东方波斯猫、布偶猫、苏格兰折耳猫、塞尔凯克卷毛猫、暹罗猫、西伯

国际爱猫联合会

想要获取猫展的更多信息，可以登录国际爱猫联合会网站：www.cfa.org，或通过以下地址联系：新泽西州玛纳斯昆，1005号邮箱，08736-0805，（732）528-9797。网站上列出了有关猫咪品种、展览、评判、管理等方面的大量信息。

日常训练能够让你和猫咪共度美好时光。

利亚猫、新加坡猫、索马里猫、斯芬克斯猫、东奇尼猫、土耳其安哥拉猫和土耳其梵猫。

猫展一般在宽敞的大厅里举办，同时进行的独立展览由同一组裁判评判特定品种。每个裁判为一个品种的最佳猫咪颁奖，当所有分类评判结束之后，全部获奖猫咪要聚到一起，参加十佳猫咪评选。唯一不按CFA标准评判的猫咪是家猫。对，你没看错，任何猫咪都可以参加展览，每一只都被当作独特的艺术品去评判。

猫展头衔

猫咪的头衔多种多样，也不是只有可以生育的猫咪才有此殊荣，连做过绝育手术的猫咪也能参与评选。最开始的头衔是冠军（CH），由参加CFA展览并获得6条冠军彩带的成年猫咪获得。优胜头衔类似冠军头衔，只不过是颁发给已绝育的猫咪。超级冠军头衔（GC）颁发给在其类属中积分达到200点的猫咪。超级优胜头衔（GP）颁发给在其类属中积分达到200点的绝育猫咪。全国总冠军（NW）是等级最高、声望最高的头衔，颁发给全国排名最高的猫咪。品种总冠军头衔（BW）类似全国总冠军，颁发给品种最佳的猫咪。地区冠军头衔（RW）颁发给地区排名最高的猫咪，分类冠军头衔（DW）颁发给具体分类（比如被毛类型和颜色）排名最高的猫咪。种猫成就奖颁发给繁殖出特定数量超级冠军、超级优胜或分类冠军的猫咪，雌猫要求有5只，雄猫要求有15只。

众所周知，猫咪可不只是华而不实的装饰品，它们也像人类一样追求充实的生活。它们整天无所事事并非出于自己的意愿。那些养猫只为找个伴的人，请三思而后行。那样不如去找毛绒玩具，同样有毛，更容易照料，也不会把房里弄得乱糟糟，或者把地毯弄脏。猫咪是活生生、有思维的动物，它们有感情，有思考能力，也有生活目标。

做称职的人类伙伴，给猫咪表现的机会，给它找点事做。

德尔塔协会

近些年来，德尔塔协会等组织致力于把猫咪和其他动物用于疗养院、医院和监狱等。这些动物的到来会极大地帮助上述机构里的人。患病的、体弱的或抑郁的人都会被猫咪的情绪所感染。许多宠物主人在搬进全面看护机构时不得不丢下挚爱的宠物，乖乖听话的猫咪能唤起他们对以往的美好回忆，心态转向积极，从而辅助治疗进程。

第11章 猫咪明星和它们的训练师

在我还是孩子的时候，就开始训练动物了，最初接触的是马，后来是家猫和异国猫咪，最后又训练狗狗。在我训练的所有动物里，随着训练开展，猫咪的性格特征变化最为显著。狗狗喜欢训练，在学会取悦主人之后，就能茁壮成长；马会服从骑手的命令；然而训练对于猫咪来说，仿佛是打开了它们大脑中的一扇新窗户，它们渴望不断提高自己的智力等级，它们的能力没有极限。

我在书里多次提到，慵懒的猫咪可能会被训练成“怪物”。所谓“怪物”，就是指猫咪太喜欢训练，简直到了时时刻刻想训练的地步。我见过许多猫咪太渴望训练，把它们的主人都快逼疯了。对于这类猫咪，只有一个地方适合它们——电影里！

作者米丽娅姆·菲尔茨在查看照片清单，猫咪演员在镜头前等待拍摄。

抛头露面的猫咪

进入公众视线的猫咪要具备许多特殊品质。除了训练有素之外，它还要懂得与人类、其他动物的交往技能。它要无所畏惧、勇于探索、身体健康，还要足够上相。

然而，猫咪成为明星靠的不全是自己，还有与它们合作的人。双方要沟通顺畅，热爱手头的工作，形成独一无二的纽带。演出时有各种各样的干扰因素，猫咪必须全程听从训练师的指挥。猫咪要相信人类伙伴不会置它于险境。那么如何赢得猫咪的信任呢？答案就是，要经过长时间耐心的训练和奖励反馈。

铁杵成针非一日之功，猫咪明星并非一夜之间打造而成，要经过数月乃至数年的时间才能培养出一只完美的演出猫咪。只有不断地体验、旅行和接触新事物，猫咪才能迅速适应任意情境。

我的演出猫咪

我第一次猫咪演出工作的合作对象是华盛顿特区的史密森国家博物馆。在国家动物园教我训练海豹和海狮的导师凯西·卡夫把我推荐给了一档猫咪节目的制作人，当时为了引起潜在投资者的兴趣，要做试映节目。虽然那档节目最终没能签下系列合同，我在其中所起的作用也很微小，但我的人生却因为它而改变了。从那以后，我就下定决心，要把训练影视剧猫咪演员作为终生的职业。我训练过许多猫咪，但比较优秀的只占少数。

轻拍手腕，姜黄虎斑猫博迪就开始挥爪。

猫咪大多喜欢在草地上打滚。听指令打滚是一项了不起的成就。

适应室外的猫咪可以参与大多数情境的演出。博迪正在表演“趴下”，看看它跟手势多么“同步”。

博迪为我们演示猫咪可以在干扰较多的环境里（比如室外）表演，而且可以同时做几个动作——“坐立”和“挥爪”。

玲玲

我的猫咪玲玲是一只紫色斑点暹罗猫。我教了它一些基本指令，比如钻圈、跳到我的肩膀上和衔物。我训练它是出于乐趣，而它也特别喜欢被训练。一名节目制作人想让玲玲在访谈时坐在人的膝盖上，在电视剧《肥皂》里饰演管家的演员罗伯特·吉尔莫将会抱着它。片方给的出演费是100美元。

我们在等候区待了几个小时。玲玲非常紧张，一直高声喵喵叫。到上台那会儿，已经过去了大概5个小时，玲玲太累了，在罗伯特的腿上睡着了。我估计它整场只睁过一次眼。出乎意料的是，制片人对它喜爱有加，猫咪一动不动，他们就一遍又一遍地拍访谈。我也深深地入迷了。

戴维·克罗克特身穿水手装拍摄《国家地理》的“猫咪的秘密生活”。

后来，玲玲永远离开了我。没过多久，戴维·克罗克特进入了我的生活。它特别喜欢探险，性格外向，是我见过的最聪明的猫咪。

戴维·克罗克特

戴维·克罗克特是一只流浪猫。当时我正从商业街的一家理发店出来，一只猫咪从人群里径直向我跑来。它来到我跟前，毫不犹豫地抓着我的裤子一直爬到我的肩膀上，边舔我的耳朵边呼噜呼噜地叫。这只小猫咪是棕灰色的虎斑猫，长着一双大大的绿眼睛，嘴巴是白色的，肚皮是琥珀色。我正因为玲玲去世而悲痛，于是就把它带回了家。

克罗克特从一开始就很外向。当时我家里养了两只斯伯林格斯班尼犬，然而克罗克特一进家门就成了“老大”。狗狗们吓不住它，陌生人只不过是它俯瞰的新座位——谁都别想幸免；新地方只不过是需要探索的冒险地。它天生就是演出的料！

克罗克特格外上相，在17年时间里，它多次参加演出，包括多期《国家地理特辑》，其中一次还换了三套演出服。现在全国的欧莱克真空吸尘器邮件上还能看见克罗克托和我那只古英国牧羊犬萨姆布林纳的照片。

虽然为了保证拍摄顺利，许多猫咪训练师都会给猫咪找替身，但我带克罗克特拍摄时从来不需要这么做。有次跟《国家地理》合作（艾利森·阿尔戈监制的“猫

戴维·克罗克特的表演趣事

我们的顶级明星猫咪戴维·克罗克特紧张的时候就会把头埋低。它大概觉得如果自己看不到别人，别人也就看不到它。在为罗维家具公司拍照片时，我们完全没有准备时间。（除非猫咪每天都去一个新地方，否则需要至少一小时才能适应新环境。）我们匆匆地进入摄影室，立刻就开始工作了。克罗克特要在沙发腿边表演“趴下/保持姿势”，一同拍摄的杰克罗素梗艾克则会坐在沙发上。艾克入行的时间跟克罗克特差不多，无论发生什么情况，它都会待在指定的地方。克罗克特不甘于趴在地上，更何况狗狗还高高地坐在沙发上。于是，克罗克特跳上沙发，把头埋在艾克身下，只剩后半身和臀部露在外面，但艾克坦然地一动不动。最后，克罗克特终于稳定情绪，开始投入工作，按照要求表演了“趴下/保持姿势”。它只是需要找个机会适应一下被狗狗占据上风的感觉，毕竟那种感觉有违猫咪的天性。

美国虎斑猫哈克贝利从 4 个月大就开始跟米丽娅姆 · 菲尔茨演出。图为哈克贝利在给某抗过敏药物拍广告，摄影师正在指导模特，米丽娅姆与哈克贝利则在休息。

咪的秘密生活”)，克罗克特工作了11个小时。拍摄间歇，它会到房间里休息，或者跟工作人员四处走动；等到开始拍摄的时候，它会全身心投入。它就是喜欢当明星的感觉。

世界上有许多猫咪训练师。为了写好这本书，让大家了解该怎么训练和管理演出的猫咪，我拜访了许多其他训练师。不管他们在演出之前、期间或之后怎么做，他们存在一个共同点：喜欢与猫咪共同生活，喜欢训练猫咪。

格洛丽亚 · 温希普——可爱阳光的动物演员公司

动物训练师格洛丽亚 · 温希普是从1997年开始以培养动物演员为全职事业的——只需一部电影，15只猫咪在拥挤的地方拍摄。《姜饼人》可以说是她经历过的最艰苦的演出，让她终生难忘。

逗猫棒是常用的训练工具。

格洛丽亚遵循两项人生信条：一是“预则立，不预则废”，二是“给别人留下良好第一印象的机会只有一次”。她为各种类型的演出提供动物，既能满足客户需求，在客户心目中留下深刻印象，又能到处结交新朋友。因此，她的公司——“可爱阳光的动物演员”，的确名副其实。

格洛丽亚构建了遍布全美的训练师关系网，无论在哪里开展工作都能找到人提供动物演员和相关帮助。在长片《惊心食人族》里，她提供了30只猫咪演员，其中15只是她自己养的，另外15只则是从当地动物人道主义协会借来的。她自己的猫咪见识过电影场景，经历过旅行，习惯了各种干扰，什么事都影响不了它们表演。从人道主义协会借来的猫咪则学会了表演进食和“定身术”，就是在腰上拴一个项圈加一根绳子，保持在特定位置不动。项圈和绳子的颜色与猫咪接近，所以在影片里几乎看不出。

训练小贴士

格洛丽亚在拍摄现场的训练秘诀之一是：决不允许猫咪在拍摄间歇四处走动。她会跟它们待在一起，或者把它们放在休息室。她想让猫咪明白，它们在片场唯一的职责就是好好演出，而不是找地方捉迷藏，或者结交朋友。如此一来，猫咪就能专心演出，不受其他事情的干扰。另外一个秘诀是打气枪，防止猫咪睡着。片场美工用气枪清理镜头或电气设备上的灰尘，突然的气爆声能迅速引起猫咪的注意。

格洛丽亚的风格

格洛丽亚十分疼爱自己的猫咪，猫咪跟她形影不离，时时刻刻都在训练，享受训练时的每一分钟。她相信，猫咪与人的沟通交流越多越好。因此，片场的任何人来跟猫咪明星打招呼，她都不会阻拦。她的猫咪分得清工作时段和社交时段，完全享受这两种时段，很少被关起来。它们要么在她的房车

（她在片场就住房车）里自由地漫步，要么就在佐治亚的农场里陪着她，跟一大群其他动物夜间散步。

每只猫咪必学的基本动作是“过来”“保持姿势”和“定身术”。只有不断接触外界和积累经验，猫咪才能抗干扰，不过猫咪一旦学会这些基本动作，其他动作也就能轻易地学会，从而适应场景的大幅变化（这在演出片场是常有的事）。无论周围发生怎样的事情，能够保持专心致志的猫咪就是好演员。

格洛丽亚的猫咪训练依靠食物（尤其是金枪鱼）、表扬，有时候还要用到响片。猫咪的日常食物是干猫粮，它们在片场“改善生活”的时候特别兴奋。格洛丽亚会在表演前给它们吃牛排或火鸡胸肉。给猫咪吃火鸡胸肉是为了让它们显出疲态，因为据说火鸡肉里的酶会让哺乳动物昏昏欲睡。当猫咪开始走神的时候，就把主食升级为金枪鱼，然后再升级为鲑鱼。格洛丽亚的猫咪熟悉片场环境，非常放松，可以一边吃一边工作。只是格洛丽亚并不会一直喂食，她会让它们完成几个镜头表演，然后再给予食物奖励。在两次食物奖励之间，她会口头表扬猫咪。

格洛丽亚的猫咪大多是收养的，其中有3只可以说是从流浪猫到大明星的典范：黛西、塔克斯和艾克。这3只猫在被收养前都超过了3岁，很难找到收养家庭，格洛丽亚从朋友那里听说了这事，很快就收养了它们，让它们免于安乐死。自那以后，它们参演了《姜饼人》、喜剧中心频道的“电视乐趣屋”和长片《惊心食人族》。

参演电影

格洛丽亚印象最深刻的试镜是为制片人罗伯特·阿尔特曼在1997年制作的长片《姜饼人》的试镜。当时的竞争对手是业务最繁忙的动物演员公司之一——

“鸟类与动物无极限”。等着与阿尔特曼先生见面的时候，她把猫咪放在了等候室的高处。格洛丽亚和阿尔特曼先生中途离开等候室去讨论故事板和剧本细节，几个小时后回到等候室的时候，猫咪还待在原地。格洛丽亚当场就拿到了片约。

拍摄过程中，猫咪唯一一次受惊就是气动模拟风机突然启动，而之前用的是比较安静的电动模拟风机。不过，气动模拟风机启动、停止三次之后，猫咪就已经习惯，开始专心工作了。

如何应对猫咪紧张

通常情况下，当直接面对镜头或任何新环境，猫咪就会紧张。如果在片场遇到这种情况，先不要着急，让猫咪触碰你、拥抱你、蹭你。对猫咪耐心一点。猫咪不想参与的事情，怎么强迫它都没用。向你的猫咪证明周围的环境不可怕，它一定能在很短时间内调整过来。

格洛丽亚的训练要点还包括：上午拍完猫咪的所有动作戏（因为猫咪在上午时段最活跃）；让猫咪在片场穿行，看起来像在找什么东西；有策略地把金枪鱼放在隐藏地点，引导猫咪去搜索这些区域。针对拍摄时间较长的演出，她会提供长相相似的猫咪。如果一天拍摄12个小时，猫咪就能互相做替身，轮流休息，从而不会影响拍摄进度。如果一天拍摄6个小时，她会带两只不同的猫咪，让片方选择“中意”的那只——而她通常会提出建议，导演或制片人大多都会同意。

罗布 · 布洛克——电影动物演员公司

自1981年以来，罗布 · 布洛克的电影动物演员公司就一直在为媒体行业提供猫咪演员。罗布最初与其他影视动物训练师合作，后来获得加利福尼亚州穆尔帕克大学的动物训练与管理学位，从此成为全美猫咪演员主要供应者之一。

罗布小时候从来没想过要靠训练动物谋生，他在纽约布鲁克林长大，梦想是成为一名运动播音员。他很少照顾家里的宠物，对训练动物也不感兴趣，直到遇见一个带着杜宾犬的女人。那只杜宾犬出了问题，女主人征求他的建议，他根据自己的常识给出了答案，竟治好了杜宾犬。杜宾犬的主人建议罗布去从事动物训练工作。当时罗布正迷茫做什么工作，就听从了她的建议。在其他动物经纪机构工作了许多年后，罗布自己开设了一家动物经纪公司——电影动物演员公司，以训练家猫为主。

他参与的有喜跃猫粮和珍喜皇馔猫粮公司的广告（从1996年一直合作到现在），还有众多影视剧，包括《星际迷航：下一代》（4只猫扮演生化人数据的橘猫“点点”）、《希尔街的布鲁斯》、《犯罪现场调查》、《综合医院》、《情归巴黎》《90210》和《费莉西蒂》等。他参与的长片有《因果循环》《泽佩托》《猎爱高手》《精灵鼠小弟》《女狼俱乐部》等。

罗布还给俄克拉荷马州的一家商店拍过一支有趣的广告，广告里的猫咪穿戴齐全在拉雪橇。本来广告只需6只猫咪，不过他带了15只，方便替换累了的猫咪。拍摄时猫咪被要求做一些困难的动作，时间也比较长，罗布庆幸自己多带了猫咪，因为主角猫咪阿波那天临时罢演，只能由罗孚和巴德轮流担任主演。虽然看似所有猫咪都在拉雪橇，但其实6只里面只有5只在拉（其实就是“过来”动作），另外1只不过是在走着。罗布说如果再增加几只猫咪，还真能拉得动雪橇。

训练团队

罗布和训练师每年都会跟随喜跃公司的猫咪团队进行全美巡演，演出超过20场，每场达30分钟，著名的猫咪训练师凯伦·托马斯也会现身。拍摄时，至少有两名训练师和一只猫咪同时出现，但除了这种情况，训练师和猫咪的数量均视情况而定。如果多只猫咪同时出演，罗布会分配训练师与猫的比例基本达到1：1——会多配一名训练师。如果有些猫咪是替补，没有同时出演，训练师与猫咪的比例可以是1：5。

电影动物演员公司

电影动物演员公司网站（www.crittersofthecinema.com）上有罗布所有动物演员的照片和介绍。

罗布团队的猫咪基于当初寻找类型的不同，来源也不同，有些来自于纯种猫培育方、动物收容所，有些是从洛杉矶当地报纸上寻来的。他总共有86只训练有素的猫咪，其中很多组成了两倍或三倍数量的小团队，以应对长时间的拍摄，或者某只猫咪的动作比其他猫咪做得更优秀的情况。

寻找猫咪演员时，罗布会评估猫咪的性格和外表。出演电影的猫咪必须性格外向、信心十足、上镜——与它长得相似的猫咪，有的可能比较慵懒，有的则可能擅长动作表演。罗布有7只可以互相作为替身的黑猫（在《情归巴黎》片场），还有7只橘猫，另外有3只黄色眼睛的全白猫咪。

罗布·布洛克的猫咪全都利用食物奖励来训练，都掌握了基本的动作，如“过来”“坐下”“趴下”和“保持姿势”。除了经常上台演出的猫咪，比如喜跃公司的那些，其他猫咪不会每天训练。没有业务时，一周平均训练一次；有业务时，每天训练两三次。如果对方要求表演特别的动作，就要增加训练时间。由于项目各不相同，猫咪和训练师总是干劲十足。罗布坦承不喜欢单一的生活，偏向每天去不同的地方，做不同的事情。

罗布在片场

在拍摄间歇甚至拍摄人员收工之后，罗布会趁机带着猫咪适应片场环境。他认为，猫咪接触得越多，将来的表现就会越好。因此，他有时还会带上不出演的动物，让它们体验一下充满干扰因素的工作环境。

罗布时刻准备着尽可能以符合实际的方式满足客户要求。然而，与大部分拍摄状况一样，临时变更就必须增加训练或改变拍摄角度。罗布最不能忍受的是，制片人不明白告知培训师每一个场景细节，常常省略可能严重影响猫咪表现的信息。由于重要的细节未沟通到位，简单的“从A点移动到B点”也会变得非常复杂。增加人的奔跑镜头、增加车辆或增加湿漉漉的表面等干扰，很容易引起猫咪的不适应，它们的表现就会完全不尽人意。为了消除误解，场景就可能要变更或撤除。不过，制片公司现在越来越关注动物的生理和心理极限，与动物合作时也越来越注重灵活变通。

罗布的训练要点是，确保猫

媒体压力

我参与的难度较高的猫咪演出是一条政治广告。我接到一通电话，要我在 5 天后带 11 只猫咪和 1 条狗狗去拍摄。制片人告诉我拍摄并不复杂——猫咪只需坐在会议桌周围的椅子上，狗狗则坐在首席。我知道没那么简单，因为没有准备时间。对于这样的业务，要训练数周甚至数月才行——让那么多猫咪静坐哪怕 10 秒钟都难于登天。结果证明我的担心是对的。狗狗的表现很棒，但猫咪互相打斗，有的想躲起来，或者干脆躺下来缓解紧张情绪。有几只猫咪适应了环境，按照计划做了动作。多亏它们救场，坐在桌边，在演员说台词的时候跟他互动。那时我简直比猫咪还紧张。

咪完全做好了应对任何情况的准备，甚至包括那些日常生活中不太可能发生的状况。片场瞬息万变，谁也不知道会发生什么。

凯伦 · 托马斯

凯伦 · 托马斯与电影动物演员公司合作12年了。自1996年以来，她一直跟喜跃猫咪团队一起工作、生活。她和助理跑遍全美，在各种猫展上表演，向大家展示经过训练的演出猫咪是多么有趣。她的猫咪还出演过电影《精灵鼠小弟》《艾德私人频道》和电视剧《星际迷航：下一代》《费莉西蒂》。

特技替身

在电影《精灵鼠小弟》里，雪球的训练师凯伦 · 托马斯为这个角色派了 6 只猫咪，有些猫咪擅长趴着不动，有些则擅长做动作，比如从这里跳往那里，或者在屋里跑来跑去。由于拍摄时间较长，猫咪要轮流适当休息，凯伦便根据猫咪最擅长的动作来作选择。这就跟人类职业专业化是一样的道理。没有人愿意或能够全知全能。我们的谋生之道有两种：要么从事自己擅长的工作，要么从事经过培训后能够胜任的工作。

凯伦拥有动物学学位，最初是做动物园志愿管理员。她刚开始想照料大型猫科动物，却与家猫产生了共鸣。发出咔哒声正是她训练时的做法。她训练猫咪时主要使用响片。凯伦认为，在用响片承接指令时，猫咪学习新动作和反应的速度都会提高。

天赋与训练

凯伦选择的猫咪与大多数猫咪演员一样——性格外向、上相、外貌普通的猫咪，比如橘猫或其他特定的品种。她倾向于养育活力等级各不相同的猫咪，以便有的演好动的角色，有的演安静的角色；也有活力等级相同的猫咪，以便演出时相互替换。

猫咪训练一年以上，凯伦才会带它参与演出。演出的猫咪要学会适应长途跋涉、待在陌生的地方、应付各种各样的环境，这需要一定的时间，但凯伦绝对不会拔苗助长。凯伦要确保猫咪真正开心，而这只有通过正向强化、深入了解每一只猫咪和万般的耐心才能实现。

亲密关系至关重要

训练猫咪是促进亲密关系的方式之一。凯伦·托马斯认为，主人应每天跟猫咪玩耍至少10分钟，这独属于你跟猫咪的时间，不仅能让猫咪更欢欣，也有利于减轻你的焦虑。主人要学会开发猫咪的智力，让它们活得更长久、更幸福。

阿瑟·哈格蒂上尉——哈格蒂的影院动物公司

阿瑟·哈格蒂上尉已经记不清自己干这一行多久了。他最初对狗狗表演产生兴趣，后来担任第25步兵警犬侦察排排长，之后在纽约开办了犬类训练和动物演员公司，对许多动物训练师的人生产生过重大影响。虽然他公司的主业是狗狗训练和训练师培训，但他也训练猫咪，既帮忙解决猫咪的行为问题，也引导猫咪参与演出。

哈格蒂上尉喜欢训练猫咪，因为很多人不相信猫咪能被训练。他曾参与九命猫粮公司第一条猫咪电视广告“莫里斯”的拍摄。在此之前，曾经的流浪橘猫出演过伯特·雷诺兹的《旋风大神探》。伯特·雷诺兹躺在台球桌上，橘猫则在桌上散步。哈格蒂上尉和助手鲍勃·玛特维克当时负责训练参演的这只猫咪。鲍勃·玛特维克现在为九命猫粮公司训练莫里斯的替身。

哈格蒂用于演出的猫咪大多购自训练猫咪的熟人。这些猫咪基本都是宠物，身体健康状况良好。他偶尔也会从动物收容所收养猫咪，等拍摄工作结束后，再给它们找一个永久的家。

虽然室外纷纷扰扰，训练有素的猫咪仍可保持姿势。

训练小贴士

猫咪明星要学会一些基本动作，比如“坐下”“趴下”“站立”以及“保持姿势”，还要学会听指令或在受惊时回到自己的笼子里。训练师常常用老鼠刺激或分散猫咪的精力。猫咪在片场很容易无聊，老鼠能快速让它们打起精神。（老鼠放在笼子里，不会被猫咪明星“消灭”掉。）

哈格蒂上尉重视严格训练过程中的合理应对技巧，并学会了与摄影师“共鸣”，研究了摄像头角度和演出指导，以便了解导演要求做出什么样的动作。他认为，这种经验比训练更可靠，因为可以有很多方式做出片方认可的动作，同时能避免把大量时间浪费在训练上。

哈格蒂的训练工具

哈格蒂上尉喜欢天然的训练工具（也就是用声音和抚摸来塑造猫咪的行为）。他还擅长利用温暖的天气。猫咪喜欢躺在阳光下，沐浴温暖的阳光，温暖的物品对于心情紧张或寻求隐私的猫咪有着很大的诱惑力。他不喜欢用响片、蜂鸣器或扬声器，因为从他的经验来看，这些辅助工具不一定有效。

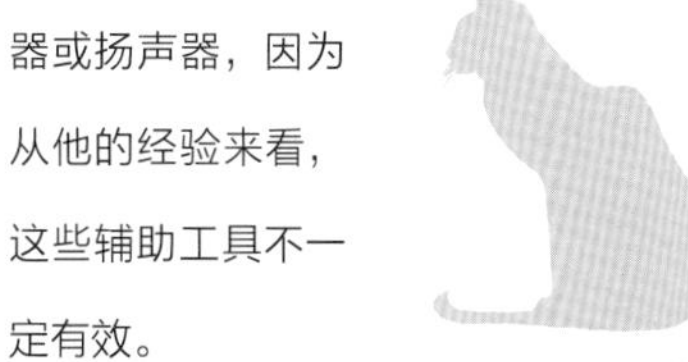

例如，为了让猫咪在片场出声，他会利用鲨烯让猫咪舔嘴唇或晃动下巴。很多时候，片方会临时加动作，因此，不断积累、更新应对技巧能让猫咪在片场表现得更出色。

哈格蒂上尉带猫咪演出时会遵从以下两点：第一，训练师与动物的比例是2:1，如果是在室外拍摄，他会再多安排4名训练师——谁也无法预料猫咪会不会跑去追小鸟，或者跑到路上，要安排足够的人手确保猫咪的安全。第二，他会谨慎地询问导演和摄影师，了解摄像机角度，根据这些来把握猫咪需要表演的具体动作。如果他觉得在既定的角度或场景下，猫咪可能无法表演，他就会跟导演商量，提议以其他方式拍摄。

最常见的烦恼是，到了片场才知道要变更动作。许多猫咪训练师会很紧张，因为他们花费了大量时间来准备，猫咪的动作已经定型。哈格蒂上尉则会改变摄像机角度，或者把长镜头分成几个短镜头，想办法解决问题。他还会利用老鼠或猫咪玩具来诱导猫咪。他的猫咪大多都训练过走回自己的笼子，所以在拍“从A点到B点”的片子时，他会让助手帮猫咪做出“站立/保持姿势”动作，然后把笼子放在目标地点，再让助手听导演“开拍”指令放开猫咪。

萨曼莎·马丁——萨曼莎的神奇动物公司

萨曼莎·马丁从小就下定决心要从事动物训练。她从一所两年制大学毕业，获得了动物管理学位，在动物诊所、宠物店、动物园和其他动物演员公司都工作过。在芝加哥的动物王国公司上班时，她的周末猫咪表演令大家大开眼界。那时她就喜欢上给现场观众和媒体进行猫咪训练和猫咪表演了。

萨曼莎的神奇动物公司最初只是动物演员行业里非常小众化的公司——为

制片方提供训练有素的啮齿动物。随着公司规模扩大，她开始训练最受欢迎的动物演员——狗狗。之后，她开始训练猫咪，她的公司目前共有13只经过训练的猫咪，它们全都住在她的家里。

萨曼莎的猫咪都掌握了基本动作，比如“坐下”“坐立”“过来”和“去自己的位置”，一些猫咪还会难度较高的动作，比如“打滚”“弹钢琴”“从A点跳到B点”“钻圈”等等。她认为，她的动物全都掌握了制片人和导演所要求的常见动作，绝大多数业务都能完成。

萨曼莎利用响片、猫粮和不断的表扬进行训练。如果某项业务所需的猫咪数量或种类超出她公司已有的，她就会找以前合作过的当地猫主人帮忙。

萨曼莎比较喜欢训练公猫，因为公猫的脾气相对温和，在新环境下不容易情绪化，但她公司里最好的猫咪演员塔拉是一只雌性俄罗斯蓝猫。塔拉对演出的热衷绝无仅有，非其他猫咪能及。

萨曼莎的业务包括给美士猫粮、爱慕思猫粮、蒙哥马利·沃德百货公司等拍摄照片，也参与了若干部电视广告，包括旧海湾家具公司和IBM的广告。她生活在中西部，所以给长片提供猫咪演员的机会非常有限。

在片场，萨曼莎对训练师和猫咪的比例安排是2:1。她认为，两个人管理一只猫咪比只有一个人更安全。另外，她只让参演的演员跟猫咪打交道，如此一来，猫咪就会在干扰众多的环境里只听从她的指挥。

给演出猫咪主人的建议

对于想让自己的猫咪做演员的猫主人，萨曼莎的建议是，不仅要确保猫咪训练有素，还要让它们适应群体生活。在去片场表演之前，要让猫咪多体验新的地方，多接触新的人和其他动物。

安妮·戈登——安妮的动物演员公司

安妮已经在动物演员训练行业待了17年。在这17年里，她训练过各种各样的动物，总共参与了55部长片、28部电影、41部电视剧和几百条电视广告、印刷广告。她的动物演员有狼、马、家养农场动物和异国动物，但她的大部分工作主要围绕狗狗和猫咪的训练与管理。安妮的动物演员公司位于加利福尼亚州好莱坞，对发展十分有利。

安妮最初在西雅图的林地公园动物园当动物管理员，负责照看来自非洲热带雨林地区的有蹄动物。升职之后，她开始负责大型猫科动物的照料与训练。动物园设立了一个繁殖项目，把动物幼崽卖给其他机构。加利福尼亚州的某家机构购买了安妮饲养的狮子幼崽，安妮跟过去见识到了动物演员的世界。面对训练动物演员的挑战，安妮回到位于太平洋西北方向的老家，开设了向教育研讨会提供动物的公司。跟许多动物演员训练师一样，她也喜欢每天尝试不同的事，不喜欢重复单调的工作。

> **安妮的建议**
>
> 安妮建议先跟地方电影委员会办公室联系，找到电影动物训练师，询问他们是否有意向给你的动物拍照片或视频，并在之后被选为拍摄演员时通知你。记住，如果猫主人不懂得训练技巧，几乎无法进入片场，因为许多动物会被自己的主人干扰。如果演出涉及的动作比较困难，训练师可能会在拍摄之前让猫咪与自己相处一段时间，猫主人要尊重这类决定，相信训练师能照顾好你心爱的猫咪。

猫咪明星

安妮第一次提供猫咪演员的电影是一部长片，其中一个场景是猫咪跳到办公桌上；第二次带着猫咪出演的是《单身一族》，猫咪要坐在窗台上。这些动作看似轻松自

猫咪盯着目标、听从你的指令，就表扬它。
训练猫咪是一件很有成就感的事。

然，但在片场并不是那么回事。现场有许多影响因素，比如人、设备和室外环境的干扰。

除非制片人要求特定的猫咪品种，安妮的选择标准是性情先于相貌。她的猫咪大多来自收容所或救助机构。安妮会选择非常外向的幼猫或猫咪，尤其喜欢从幼猫着手训练。如果是捡来的幼猫，她会进行性情和天资测试，比如拿来一个玩具，看看哪只幼猫最先来研究，或者给一些金枪鱼肉，观察它们对食物的反应，还要发出很大的噪声，确保选中的幼猫不容易受惊。幼猫必须通过这些测试才能成为猫咪演员候选。

安妮发现，某些行为倾向跟猫咪的品种、颜色紧密相关。布偶猫或波斯猫性格温和，而有些颜色的家猫对某个训练工具或学习体验的反应各不相同。安妮说，橘猫、红色猫咪、燕尾色（黑白色）猫咪基本上什么动作都能精通，而斑纹猫咪和花斑猫咪的性情比较难把控。老派暹罗猫（苹果一样的圆脑袋，不是长脸）跟阿比西尼亚猫一样聪明绝伦。

训练小贴士

每只猫咪都要通过语言、手势、逗猫棒、响片和食物奖励来训练，在训练过程中，猫咪还要跟拍摄工作人员多打交道，多去不同的地方。猫咪要学的基本动作包括“坐下”“趴下”“保持姿势”“站立”和“去指定地点”。响片可用于基本动作和高级动作，而蜂鸣器则用于“过来”指令。安妮说，响片的作用不可低估，因为猫咪对人类的声音反应不敏感。她还用激光指示器引导猫咪去往墙上或门上的特定点。如果需要猫咪在混乱环境中长时间待在一个地方，她还会给猫咪戴上束腰带。

和其他猫咪训练师一样，安妮也会让猫咪结伴演出，一只猫咪累了，另一只就能接替。或者，如果要做若干个复杂动作，其中一只可能会做部分动作，另一只则可能会做另一部分动作。安妮说，每一只猫咪都有自己擅长的动作，经验丰富的训练师会根据它们自身的条件来安排最好的演出。导演和制片人欣赏安妮的原因就在于此。

安妮的特殊猫咪

在拍摄电影《回乡之途》时，安妮的8只猫咪轮流扮演“塞西”。拍摄第一天，安妮把“塞西”放在窗台上，让它“保持姿势”。这勾起了导演乔蒂·福斯特的好奇心，因为她以前没想过猫咪还能被训练。8只训练有素的猫咪轻轻松松地拍完电影之后，她完全相信了。

银色花斑猫丝绒是安妮的特殊猫咪之一。这只猫咪在邻居的谷仓被发现时还是只幼猫，安妮从那时起就训练它当演员。丝绒在长片电影《第六日》里与阿诺德 · 施瓦辛格合作。在影片里，它要待在楼梯上，阿诺德会在上楼时抚摸它。结果，丝绒总是跳到阿诺德的肩膀上，因为这是它最喜欢的动作。拍了几次之后，丝绒跟阿诺德把这个动作当成了游戏，玩得不亦乐乎。最后，丝绒总算安定下来，没有再跟着阿诺德上楼梯。

安妮的另一只特殊猫咪叫英迪，安妮把它身体的任意部位摆出任意姿势，它

经过一天的辛勤工作，猫咪终于可以休息一会儿了。

会一直保持到解除指令。由于这只神奇猫咪的存在，拍摄时间会减半，大大降低制作成本，制片人纷纷慕名而来。

她的猫咪最近参演的长片电影是《飞狗巴迪第五部》。猫咪在这部电影里只是配角，因为金毛巴迪才是主角。然而，由于干扰因素较多，当配角也不容易，安妮找了3个全职助手和4个兼职助手。

如何入行

安妮在HollywoodPaws.com网站设有专栏，指导动物演员训练师挑选可以出演的宠物。最常见的问题是如何让猫咪入行以及怎么找经纪机构。

关于如何让猫咪入行，安妮建议认真训练，多多参与活动。猫咪的性格必须友好、外向，在干扰较多的环境里能够专心致志。还有，猫咪必须服从指令。找经纪机构比较困难，因为此类机构比较少。大多数动物演员训练师有固定的演员队伍，它们训练有素，随时都可以出演。训练师偶尔需要从外面找动物演员，此时就会联系其他动物演员训练师。

必要时，安妮会把业务分包给助理，并通过其他训练机构采购服务。家猫出演时，她会把训练师和猫咪的比例安排在2:1，但猫咪在干扰较少的室内做简单的“保持姿势”之类的动作时，则没有必要保持这个比例。

除了在片中与猫咪对戏的演员，安妮不允许任何工作人员或演职人员触碰猫咪或跟它们说话。她认为，猫咪可能并不喜欢被触碰，不能再给它们施加压力。她还相信，如果猫咪只关注她一个人，表演就会更出色，陌生面孔可能会干扰它们的表演。

在安妮看来，让猫咪做演员最让人满足的就是，把青涩稚嫩、不善交际的猫咪训练成气场十足的演员，仅次于此的是看见导演、演职人员在猫咪表演时的惊讶表情。

无论训练猫咪的过程中会遇到多少困难，训练总归不会白费心血。过程比结果更有意义，你和猫咪的关系会更进一步、非同一般。

所以，你还在等什么呢？开始训练猫咪吧，只需每天10分钟！

附 录

常用基本手势

用手势训练动物时，训练师的手势必须前后一致。以下是训练猫咪时可以采用的一些手势。这些手势之所以有效，在于把猫咪的注意力引向相应的方向，完成特定的动作或技能。许多手势可以结合使用，也可以按具体的方式移动，以训练更高级的动作。你可以任意使用这些手势，但要记住，对于同一个动作，要用同一个手势。

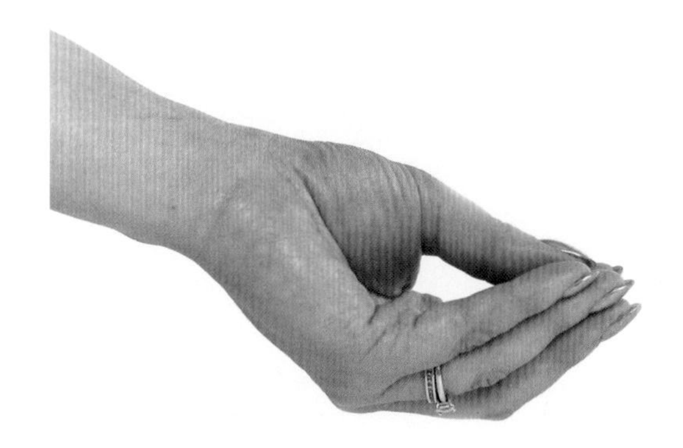

“过来”指令手势

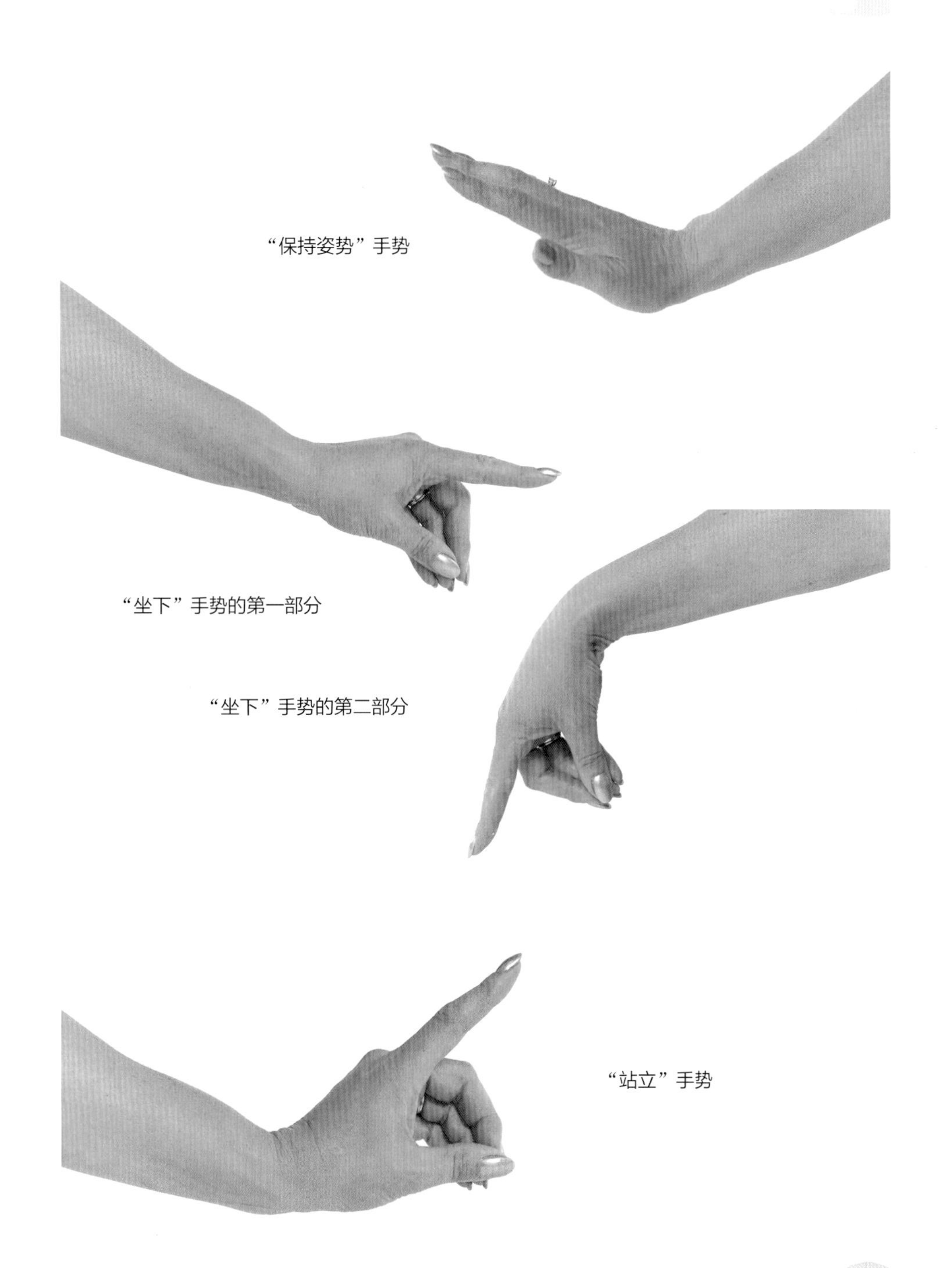

“保持姿势”手势

“坐下”手势的第一部分

“坐下”手势的第二部分

“站立”手势

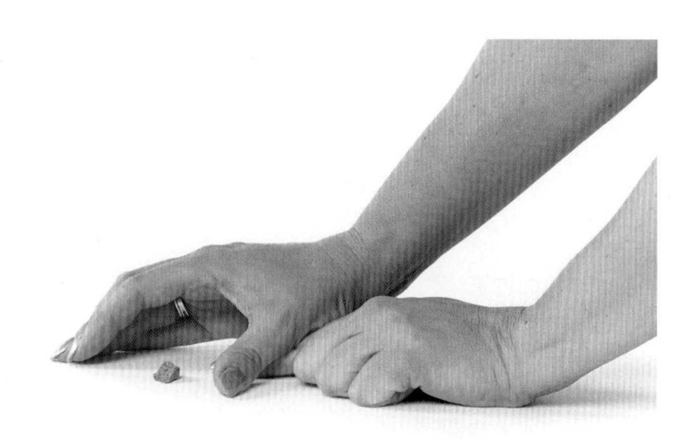

“趴下”手势的第一部分

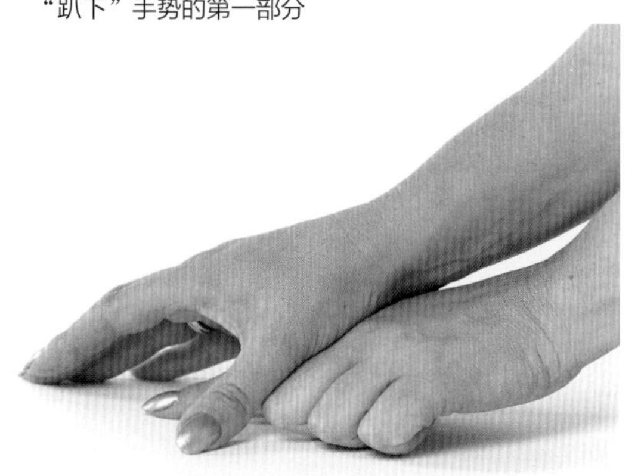

“趴下”手势的第二部分

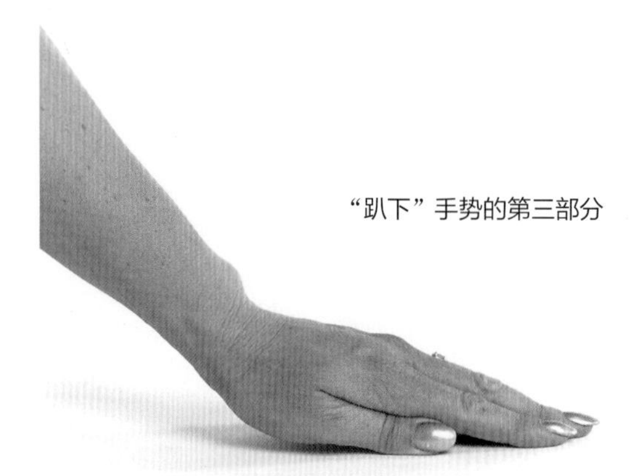

“趴下”手势的第三部分

索　引